江西理工大学资助出版

炭素罐式煅烧炉
煅烧技术基础理论

黄金堤　著

扫码查看本书彩图

北　京
冶金工业出版社
2025

内 容 提 要

本书系统介绍了罐式煅烧炉煅烧石油焦过程相关基础理论研究工作，包括石油焦煅烧技术的研究进展、石油焦热解动力学及反应机理、石油焦颗粒堆积床层内气-固热质传递机制、罐式炉内石油焦热解挥发分迁移转化行为及几何结构优化设计等。

本书内容丰富，数据翔实，技术先进，可供从事相关炭素材料生产的现场工程技术人员和科研人员阅读参考，也可作为高等院校冶金工程、化学工程专业师生的教学参考书。

图书在版编目（CIP）数据

炭素罐式煅烧炉煅烧技术基础理论／黄金堤著.
北京：冶金工业出版社，2025.2. -- ISBN 978-7-5240-0149-2

Ⅰ. TE626.8

中国国家版本馆 CIP 数据核字第 2025DH6144 号

炭素罐式煅烧炉煅烧技术基础理论

出版发行	冶金工业出版社	电　话	(010)64027926
地　址	北京市东城区嵩祝院北巷 39 号	邮　编	100009
网　址	www.mip1953.com	电子信箱	service@mip1953.com

责任编辑　王　双　美术编辑　吕欣童　版式设计　郑小利
责任校对　梁江凤　责任印制　窦　唯
北京印刷集团有限责任公司印刷
2025 年 2 月第 1 版，2025 年 2 月第 1 次印刷
710mm×1000mm　1/16；11 印张；211 千字；163 页
定价 **82.00 元**

投稿电话　**(010)64027932**　投稿信箱　**tougao@cnmip.com.cn**
营销中心电话　**(010)64044283**
冶金工业出版社天猫旗舰店　**yjgycbs.tmall.com**
（本书如有印装质量问题，本社营销中心负责退换）

前　言

石油焦是炼油过程的一种副产品，被广泛用作炼铝炼钢、炭素、水泥等工业制品的原材料。在碳达峰与碳中和战略倡导下，罐式炉煅烧技术因其炭质烧损率低（4%左右）、煅烧质量优及无须额外燃料消耗等优势，与"双碳"目标极为契合，成为促进铝用炭素行业可持续发展的最有潜力的煅烧技术。

目前，罐式煅烧炉采用光电传感器实现了火道温度在线检测，然而因其自身结构的封闭特性，火焰不与原料直接接触，罐内石油焦的真实煅烧温度仍是一个"黑箱"问题。生产中仅凭经验人工调整火道拉板间接控制罐内石油焦煅烧过程，往往存在误判、误差大和调节滞后等诸多问题。尤其近年来随着高粉焦比原料的增加，因其粒度小，表面积大，水分、挥发分含量高，煅烧过程易引起罐内"结焦"、炉底"放炮"等异常炉况，造成炉体破损、过烧、石油焦疏松、易粉化等问题，严重制约生产稳定，同时也造成了车间环境污染。高硫焦煅烧过程硫分逸出率增加，与硅酸盐耐火砖发生反应侵蚀火道硅砖愈加严重，极大地降低了炉体寿命。故而，传统罐式炉煅烧技术与现有原料供应条件已不能完全适配，难以满足节能环保、炉体长寿命及高煅烧质量的新要求，亟须结合多学科领域相关理论研究罐式炉煅烧技术基础理论，提升罐式炉煅烧技术水平。

本书系统介绍了罐式煅烧炉煅烧石油焦过程相关基础理论研究工作，主要包括了石油焦煅烧技术的研究进展、基于灰色关联分析的煅烧石油焦质量评价、石油焦热解动力学、石油焦颗粒堆积床层内气-固传质传热机理、罐式炉内石油焦热解挥发分迁移转化行为及罐式炉几何结构优化仿真计算。

　　本书为国家自然科学基金青年科学基金项目（罐式炉煅烧石油焦过程多尺度建模及挥发分迁移转化机理研究，项目号为 52004112）、江西省自然科学基金面上项目（粉焦偏析布料构筑高透气性挥发分逸出通道的罐式炉煅烧技术基础理论，项目号为 20242BAB25251）和江西理工大学清江青年英才支持计划项目（项目号为 JXUSTQJYX2020016）的研究成果，本书的出版得到了江西理工大学冶金工程一流学科经费资助，在此表示衷心的感谢。

　　由于作者水平所限，书中不足之处，敬请广大读者批评指正。

黄金堤

2024 年 9 月

目　　录

1 绪 论

炭素材料因价格低廉，并具有良好的导电、导热特性及高温机械强度高和抗腐蚀等优越的物化性质，被广泛用作高温冶金领域的耐高温腐蚀及导电材料。在铝电解工业中，炭素材料被用作铝电解槽的阴极和阳极[1]。生产 1 t 原铝消耗炭阳极 410~440 kg[2-3]，而目前全球原铝产量已经超过了 5000 万吨，由此可见，铝电解对炭阳极具有巨大的需求量。

石油焦是铝用炭阳极的主体原料，是炼油中对重渣油进行焦化处理的产物，也称为生焦[4]，其主要特点是灰分含量低，高温下易石墨化，良好的导热、导电及力学性能[5]。石油焦必须经过高温煅烧才能用于制备炭阳极，煅烧设备主要有回转窑、回转床和罐式煅烧炉[6-7]。目前我国主要使用回转窑和罐式煅烧炉（以下简称罐式炉）来煅烧石油焦[8]，其中回转窑由于结构简单、产量大、便于实现自动控制且生产环境友好等优点[9-11]，一直被大中型铝电解厂、炭素厂优先采用。但是在回转窑煅烧石油焦过程中，由于石油焦颗粒与逆向运动的气体直接接触，炭质烧损较大，且细微颗粒石油焦容易被烟气卷起带走，因此石油焦实收率偏低。尤其是近年来，石油焦质量波动较大，焦中水分、挥发分、硫分含量逐渐升高，粉焦比例也大幅上升[5]，因此回转窑煅烧石油焦的实收率进一步降低，且煅后石油焦质量波动也随之加剧[12]。

罐式炉是近几年来被业内重新定义的煅烧设备[13-14]，随着罐式炉煅烧技术不断更新迭代，设备大型化逐渐克服了原有产能小的缺点，加排料自动控制、炉壁保温及火道在线测温技术有所提升，降低了劳动强度且有效改善了操作环境[7, 15]，大有取代回转窑煅烧的趋势，近 10 年来我国相继设计投产了各种规格的罐式炉 200 多台。尽管如此，目前罐式炉依然改变不了其以经验控制为主，总体自动化程度偏低的现状。究其原因，主要是相关基础理论方面研究匮乏，难以为罐式炉煅烧工艺精准调控提供有效的理论依据和原始模型。

为此，本书重点针对罐式炉煅烧过程中的挥发分热解析出、石油焦颗粒堆积床层内气-固传质传热机理、挥发分迁移转化行为等方面开展了相关实验及仿真研究工作，以期为科学提升罐式炉煅烧技术水平提供理论基础及技术支撑。

1.1 石油焦煅烧过程概述

1.1.1 石油焦来源及用途

石油焦是渣油经延迟焦化工艺生产的一种焦炭，呈黑色（呈粉末状、颗粒状、块状），硬度较小，具有一定的金属光泽；其元素成分以碳为主，同时含有少量的氢、氮、硫、氧和其他金属元素。煅后石油焦主要用于冶金、化工等行业。

石油焦按其含硫量可划分为：低硫石油焦（含硫质量分数小于1%）、中硫石油焦（含硫质量分数为1%~3%）、高硫石油焦（含硫质量分数大于3%）[16]。含硫量低于3%的石油焦应用范围比较广，常应用于制备铝电解用预焙阳极、炭阴极和石墨电极的原料；优质的低硫石油焦（含硫质量分数小于0.5%），目前主要应用于冶金行业，制造石墨电极、特种炭素制品及增碳剂；而高硫石油焦通常被当作燃料，在金属生产过程中提供能源。随着环保力度的逐渐升级，石油焦的利用范围进一步收窄，王丽敏等人[17]对2016年石油焦利用情况进行了统计，如图1-1所示。据统计，石油焦主要被用作电解铝炭阳极制备的原材料（占比60%）。

近年来，随着科技水平的持续提升及环保要求的日益严格，科研人员在探索石油焦的高效利用方面取得了显著成就。马路路等人[18]采用高温石墨化热处理技术成功将石油焦转化为石墨化材料，并将其应用于液态锂离子电池的负极材料中。此外，戴杨等人[19]以石油焦为基础原料，添加了碱碳比为2∶1的KOH作为活化剂，并使用不同浓度的乙醇溶液对石油焦进行浸泡与搅拌，深入探究了制备活性炭的最佳工艺条件。

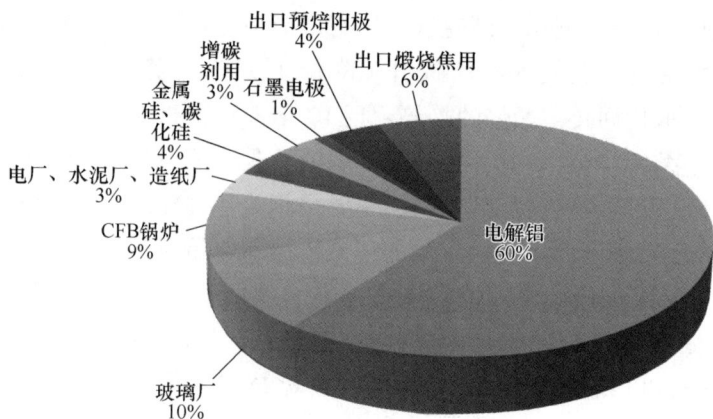

图 1-1 我国石油焦主要用途

1.1.2 石油焦煅烧目的及质量指标

石油焦是铝电解用炭素阳极的主要原料，石油焦的煅烧是阳极生产的首要工序[20]。生焦作为煅后石油焦的前驱物，其物理化学性质在很大程度上决定了煅后石油焦的物理化学及力学性质。例如，生焦孔隙度决定了煅后石油焦的 CO_2 反应性，生焦灰分组成决定了煅后石油焦的灰分含量。对应煅后石油焦，其质量评价指标主要有真密度、粉末电阻率、灰分、硫分、挥发分[21-22]。具体来说，石油焦煅烧的目的主要包括以下几点：

（1）提高真密度和机械强度。石油焦在高于 1100 ℃ 的温度下煅烧后，其挥发分基本被排出，同时石油焦中的有机碳氢化合物进一步发生缩聚反应，导致碳结构发生重排。在宏观上，这些变化表现为石油焦的体积收缩和真密度的增加。相关研究指出[23-24]，煅后石油焦的真密度与其所经历的煅烧温度呈线性关系；煅烧温度越高，石油焦中氢析出越彻底，石油焦真密度越大。如果使用煅烧不彻底的石油焦制成炭阳极，在下一工序焙烧中发生体积二次收缩，将引起炭块变形破裂。生产中一般要求煅后石油焦真密度大于 2.08 g/cm^3[3]。

（2）除去水分、挥发分，提高化学稳定性。在延迟焦化生产过程中，使用高压水将延迟焦从焦化塔中冲出，由于石油焦的蜂窝状结构，在储存过程中容易吸附水分。过多的水分不利于煤沥青和石油焦的浸润混捏，因此在生产过程中，需要优先将其除去。由于延迟焦化生产过程中，焦化温度控制在 500 ℃ 左右，渣油中大量轻质馏分未能析出，而最终存留在生焦中。因此焦化程度越高，生焦中的挥发分含量越低。生焦中挥发分含量一般为 7%~18%。

生焦在高温下会析出挥发分气体，如果直接将其和煤沥青混捏、制成炭阳极并进行焙烧，会有大量的气体析出，造成阳极炭块开裂。因此，在生产过程中，需要先进行煅烧以控制水分和挥发分的含量，确保挥发分含量低于 0.5%[2]。煅后石油焦中挥发分含量反映了其煅烧程度，挥发分含量越低，表明煅烧越彻底。同时，在石油焦煅烧过程中，焦中的碳氢化合物分解过程中析出的气体会在石油焦表面和孔隙面上形成一层沉积炭。这层沉积炭具有良好的抗氧化性能，可在一定程度上提高炭阳极的化学稳定性。

（3）控制灰分、硫分。石油焦中的灰分主要来源于延迟焦化之前渣油中所含的各种盐类杂质。这些杂质在焦化过程中被保留在石油焦中，主要包括 Si、Al、Ca、Ti、V 等元素[2, 12]。在石油焦煅烧过程中，该类杂质无法通过高温除去，仍然存留在煅后石油焦中。随着挥发分的排出，灰分在石油焦中的含量反而增加，一般生产中控制灰分含量为 0.1%~0.3%。

一般将含硫量低于 3% 的石油焦称为低硫焦，反之称为高硫焦。由于高硫焦价格较低，因此在生产企业中高硫焦所占的比例逐渐增加。石油焦中的硫分主要来源于原油中所含的硫分，包括有机硫和无机硫。在石油焦的煅烧过程中，硫分难以通过高温有效脱除（脱除率低于 30%），并容易在后续的焙烧工序中，在更高的温度条件下析出，从而导致炭块破裂。因此，在煅烧过程中需要通过掺配的方式来适当控制原料中的硫含量[25]。

（4）降低粉末电阻率。煅烧过程中，石油焦中碳氢化合物分子链断裂，并进行碳结构重排。氢从石油焦中排出，石油焦中的碳原子则转变为自由电子状态，导致石油焦的电阻率下降，导电性能提高[1]。粉末电阻率是检验煅后石油焦质量的一个重要指标。煅后石油焦的粉末电阻率在很大程度上影响着炭阳极制品的导电性能。煅烧温度越高，粉末电阻越低，在炭阳极生产中越有利于提高炭阳极的导电性能。因此，生产中通常控制粉末电阻率小于 550 $\mu\Omega \cdot m$[3]。

1.1.3   石油焦煅烧机理

延迟焦化是目前广泛使用的焦化工艺，该工艺生产的石油焦具有疏松的结构，挥发分含量为 7% ~ 18%。因此，在炭阳极的制备过程中，首要工序是对石油焦进行煅烧。经过高温煅烧，去除生焦中所含的挥发分，并且使其真密度达到 2.08 g/cm^3。根据外形和质量，可将石油焦分为海绵焦、蜂窝状焦及针状焦。其中，蜂窝状焦由于孔洞分布均匀，是生产炭阳极的首选原料[26]。石油焦主要由碳、氢、氧、氮、硫等元素构成，其中碳含量为 85% ~ 95%，氢含量为 3% ~ 4%，氧含量为 1% ~ 4%，硫含量为 1% ~ 6%。此外，石油焦中还含有 Si、Al、Ca 等少量杂质。

石油焦煅烧就是在隔绝氧气的环境下对石油焦进行高温热处理的过程。石油焦的高温处理过程本质上是石油焦中大分子化合物进行热解—碳化—晶格重排的过程。高温煅烧后其物理、化学及力学性能也随之发生了明显的变化。煅烧过程中随着温度的升高，石油焦中吸附的水分开始蒸发，待吸附水分蒸发结束后温度进一步升高，石油焦中大分子基团如烃类发生热解析出 CH_4、H_2、CG（可冷凝的焦油气体）等挥发分气体。在石油焦升温过程中，当温度低于 500 ℃ 时，石油焦中主要以轻质焦油气体形式析出，同时石油焦吸附的 O_2、N_2 气体也逐步排出；当温度为 500 ~ 700 ℃ 时，是石油焦中挥发分的主要析出温度段，此时主要析出 CH_4、CO、H_2 等气体[27]；待温度上升到 700 ~ 800 ℃ 时，石油焦中的有机大分子逐步析出所含的氢，析出的挥发分气体主要为 H_2[28-29]；当温度上升到 1100 ℃ 后，绝大部分水分、挥发分从石油焦中排出；随着温度继续升高，石油焦中有机化合物进一步碳化，碳结构发生重排，石油焦体积进一步收缩，真密度增大，粉末电阻率下降[30]。

1.2 石油焦煅烧设备

目前，国内外煅烧石油焦主要采用的设备包括回转窑、罐式煅烧炉、回转床、焦炉和电煅炉等。在我国，回转窑和罐式煅烧炉是煅烧石油焦的主要设备。回转窑技术主要应用于与大型石油焦电解铝厂直接配套的炭阳极生产厂，以及炼油企业直接配套的专业石油焦煅烧厂。而罐式煅烧炉技术则广泛应用于炼油企业周边的中小型专业煅后石油焦厂、与中小电解铝厂配套的炭阳极生产厂，以及非电解铝行业的电极和增碳剂生产厂[6]。

1.2.1 回转窑

回转窑是炭素工厂中应用较多的一种煅烧设备，如图 1-2 所示。回转窑主要由窑身、窑头、窑尾、传动装置、密封装置、燃料喷嘴和排烟及冷却装置等组成[31]。回转窑煅烧石油焦技术主要依靠石油焦煅烧过程中释放的挥发分燃烧来达到煅烧所需温度。运行过程中需添加少量燃料，通常是在启动升温或调整温度时才喷入重油、煤气或天然气等外加燃料。石油焦在回转窑内经燃烧气体的对流、热辐射和炉衬内壁与石油焦颗粒之间热传导等多种传热方式综合作用下，历经预热区、煅烧区和冷却区，而达到最终煅烧目的。

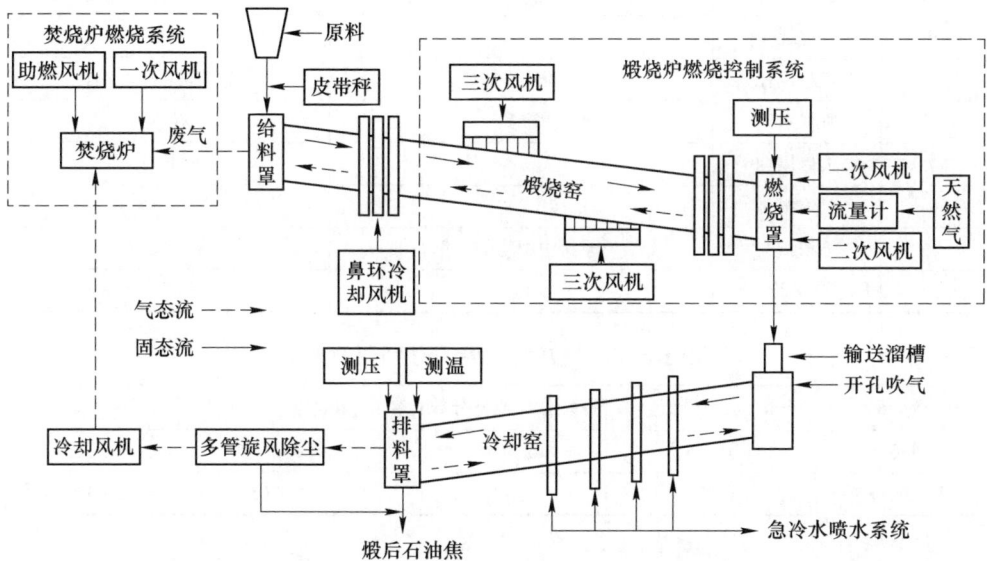

图 1-2 回转窑煅烧石油焦工艺过程示意图[6]

回转窑生产流程为：原料生焦从贮料仓经给料机连续向窑尾加料，随着窑体的转动，原料在倾斜的窑体内逐渐向窑头移动；从窑头喷入的燃料、石油焦的热解挥发分与窑头进入的空气混合燃烧，形成一个长达 5~10 m 的煅烧带，温度达到 1250~1350 ℃。窑内产生的废气可用于余热回收装置，包括余热蒸汽锅炉等，再经收尘后排入烟囱[32]。

回转窑技术的优点为：（1）设备生产能力大，一般单条回转窑生产线年产煅后石油焦达到 10 万~20 万吨；（2）机械化程度高并且操作方便；（3）周围环境友好、劳动强度低；（4）成本低，回转窑的结构比较简单、原料材料比较简单且易得。

回转窑技术的缺点为：（1）回转窑的石油焦氧化烧损大，一般为 6%~8%；（2）煅后石油焦灰分增加、检修工作量较大、煅烧实产率较低；（3）设备运行成本较高、煅烧焦质量不稳定；（4）需要外加燃料，能耗大幅增加。

回转窑和罐式煅烧炉煅烧技术各有其优缺点，因此分别适合于不同工艺要求生产，表 1-1 和表 1-2 所列为两种石油焦煅烧技术的比较[6]。

表 1-1　两种石油焦煅烧技术的比较

序号	项目	回转窑煅烧技术	罐式煅烧炉煅烧技术
1	加热方式	直接加热	间接加热
2	余热利用	可以利用	可以利用
3	操作条件	容易自动化，生产率较高	不易自动化，生产率较低
4	电耗	较多	较少
5	燃料消耗	需要额外添加燃料	不需要额外添加燃料
6	维修费用	较多	较少
7	大修周期	短	长
8	烧损	7%~8%	3%~4%
9	细粉损失	大（与原料中细粉的比例有关）	基本没有
10	实收率	低	高

表 1-2　两种技术石油焦煅烧质量的比较

指标	灰分（质量分数）/%	挥发分（质量分数）/%	真密度/g·cm⁻³	电阻率/μΩ·m
回转窑	≤0.5	0.50~1.0	2.0~2.05	560~600
罐式煅烧炉	≤0.5	≤0.5	≥2.05	≤500

1.2.2　回转床

回转床是石油焦煅烧的一种新型设备，回转床主要由炉顶（固定）、侧墙（垂直）和床体（可旋转）三部分组成，回转床体由调速电机驱动，炉床中间接均热室，下面接卸料台[8]，如图 1-3 所示。

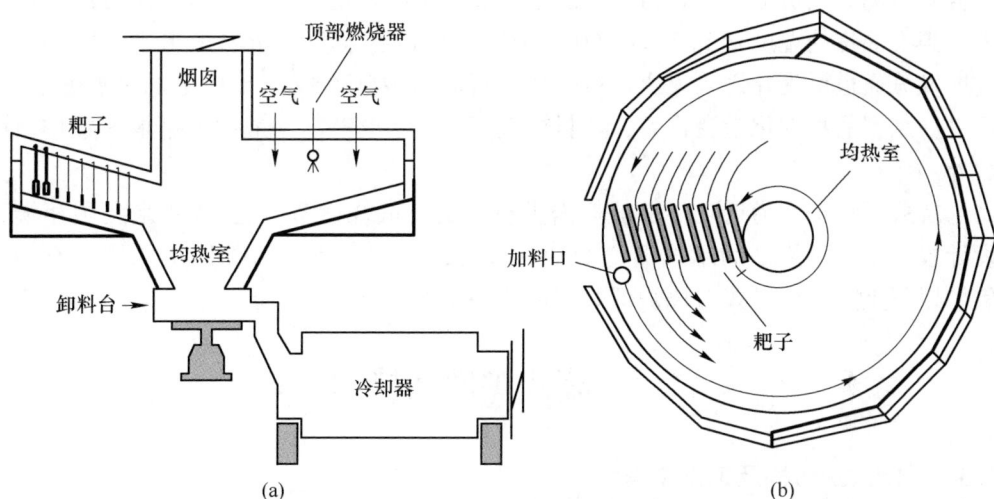

图 1-3 回转床煅烧石油焦工艺过程示意图[7]

(a) 截面图；(b) 俯视图

回转床石油焦煅烧技术生产工艺流程为：首先将原料生焦破碎和脱水后送入回转床上的缓冲料仓，生焦因受自身重力而经过下料槽落至炉床周边，在炉床的旋转和搅拌耙子的作用下，落入炉床周边的生焦以环状层形式被移至炉中心部位的均热室内，完成煅烧过程。煅烧后的焦炭通过均热室进入旋转卸料台，通过卸料槽进入冷却器进行冷却，冷却至 100 ℃ 以下将煅后石油焦输送至煅烧焦料储仓。

回转床石油焦煅烧技术的优点为：（1）氧化损失小，由于可燃的挥发分在物料表面形成了一层还原性气氛，降低了固定碳的氧化损失；（2）灰分含量低，回转床技术减少了石油焦与耐火材料间的磨损；（3）煅烧质量均匀，热量损失少。

回转床石油焦煅烧技术的缺点为：（1）零部件易烧损，检修工作量大；（2）投资成本较高，结构复杂。

1.2.3 罐式煅烧炉

目前，罐式煅烧炉（简称罐式炉）是在我国炭素工业中广泛使用的一种炉型，罐式煅烧炉主要由炉体、金属骨架，以及附属在炉体上的冷却水套、加排料装置、煤气（或重油）管道等几部分组成。固定竖式煅烧罐主要分为两种，即顺流式煅烧炉和逆流式煅烧炉[32]。

罐式煅烧炉煅烧石油焦工艺流程为：煅烧时将石油焦由炉顶加料装置加入料

罐内，石油焦依靠自身重力缓慢向下移动，在由上而下的移动过程中，逐渐被位于料罐两侧的火道加热，燃料在火道中燃烧产生的热量通过火道壁间接传给石油焦。当石油焦的温度达到 350~600 ℃ 时，其中的挥发分大量释放出来，然后通过挥发分通道汇集并送入火道进行燃烧。石油焦物料经 1200 ℃ 以上的高温煅烧，经过一系列的物理化学变化后，从料罐底部进入水套冷却，最后由排料装置排出炉外。

罐式煅烧炉作为近几年来被业内重新定义的煅烧设备，近 10 年来我国相继设计投产了各种规格的罐式煅烧炉 200 多台，生产了我国 70% 以上的煅后石油焦。以下重点介绍罐式煅烧炉煅烧石油焦技术的特点。

1.3　罐式炉煅烧技术

1.3.1　罐式炉结构及工作原理

最早在 1930 年建立的小型罐式炉，是由德国 Riedhammer 公司为煅烧无烟煤设计建造的。后来从俄罗斯引入中国，并被广泛应用于炭素工业[7]。罐式炉的基本结构是：每台炉子由多组炉罐（4~12 组）组成，每组炉罐由两个罐体构成，每个罐体的结构包括物料通道（料罐）、火道（8~10 层）、挥发分集成道（位于罐顶层）、预热空气通道、冷却水套（位于罐底部）等。物料通道与火道在罐顶层由挥发分集成通道相连，其余部分均被耐火砖隔开，形成两个相互独立的通道[6, 33-35]。

典型的罐式炉是由 6 组炉罐（24 料罐）并排构成，罐体顶部设有加料机构，罐体下部连接冷却水套及排料机构。每个料罐的左右两侧都有呈 "Z" 字形走向的加热烟气通道（火道），火焰不与原料直接接触。火道及料罐具体结构如图 1-4 所示。石油焦受热析出的挥发分在负压作用下，经炉顶挥发分通道引入火道内燃烧用以石油焦自热[2]。

罐式炉的结构主要由以下 7 个部分构成：

（1）罐式炉炉体。罐式炉炉体由钢制支架结构作为骨架，内部主要填充高导热的硅砖堆砌分隔构成料罐和火道，外部由高保温性能的耐火砖堆砌而成。

（2）料斗及加料装置。罐式炉中的石油焦物料通过顶部的装满石油焦的加料车经过人工操作沿着料车导轨定期依次加入罐式炉的各个料斗中。一般加料周期为 1~2 h。

（3）煅烧罐（以下简称为料罐）。料罐是由硅砖砌成的竖直物料通道，具体结构如图 1-4（b）所示。石油焦在重力作用下做下降运动，逐渐由料斗进入料罐，在料罐内石油焦由常温升温到 1100~1250 ℃ 的煅烧温度。

（4）火道。火道是由硅砖砌成的水平"Z"字形走向的烟气通道，具体结构如图1-4（c）所示。火道与料罐由厚度仅为80 mm的硅砖隔开。挥发分在火道燃烧产生的热量，主要通过对流辐射经硅砖壁面传递给料罐内的石油焦[36]。

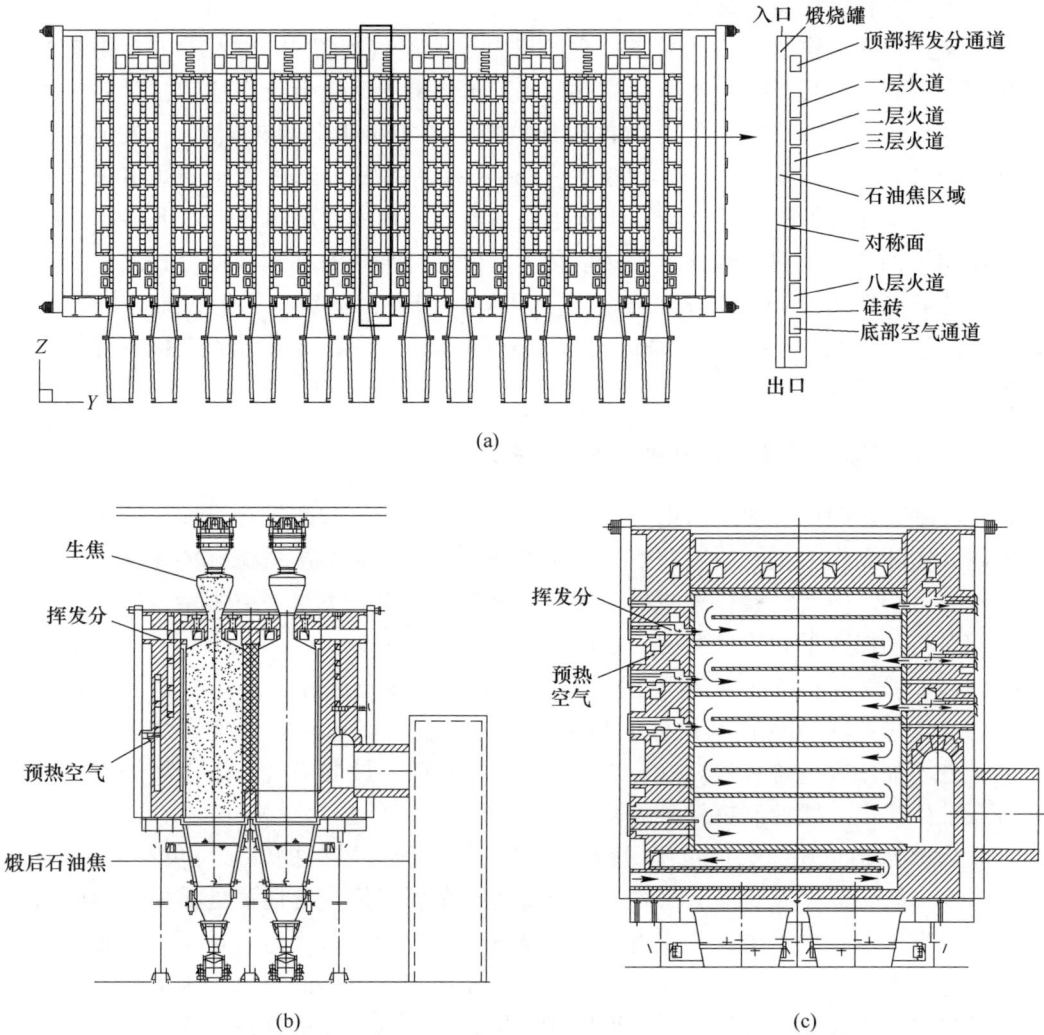

图1-4 罐式炉结构示意图
（a）罐式炉正视图；（b）料罐内截面；（c）挥发分火道截面

（5）冷却水套。冷却水套是高温石油焦的冷却装置（防止高温石油焦排出炉外后与空气接触发生氧化燃烧），位于各个煅烧罐下方区域。石油焦由料罐下移进入冷却水套，通过钢制内壁面与冷却水套中的循环水发生热交换降低石油焦温度。

（6）排料机构。排料机构位于冷却水套下方，是石油焦排料的控制机构[37]。排料机构通过间歇往复式运动达到间歇开合排出石油焦的目的。

（7）振动输送机。石油焦在重力作用下经底部 Y 形管道进入振动输送机。煅后石油焦经振动输送机送往下一工序。

罐式炉的工作原理是：煅烧时石油焦由炉顶加料装置[15]加入罐内，物料在重力作用下自上而下缓慢移动，并依次通过预热带、煅烧带及冷却带，最后由罐底的排料装置依次排出炉外。物料在预热带除了排出水分以外（小于 200 ℃），还会排出大量的挥发分（500~900 ℃），所产生的挥发分经过顶层的通道进入火道层，与预热空气混合后燃烧，所产生的高温烟气在火道层内自上而下移动（负压作用）的同时其热量经火道硅砖墙传入料罐内并加热石油焦，使得石油焦在料罐内能够被加热到 1100~1250 ℃，达到煅烧的目的；随后物料经过罐底的冷却水套（冷却带），达到降温（200 ℃以下）的目的，最后由罐底的排料装置排出炉外，完成煅烧过程[14]。

1.3.2　影响罐式炉煅烧石油焦产量和质量的因素

在罐式炉煅烧石油焦的生产过程中，如何兼顾质量和产量是目前广泛关注的问题。实际操作中主要通过调整火道温度分布、控制底部排料机排料频率来控制石油焦生产。生产经验认为原料中的挥发分含量、火道负压、空气量，以及排料量都对石油焦产量和质量存在一定影响[38]。

（1）挥发分含量。原料中挥发分含量决定了煅烧过程中进入火道的总燃料量。含量过低（<6%）其供应的热量不足，温度不能达到石油焦煅烧要求，需要额外添加燃料；含量过高（>15%）则需要消耗大量的空气，进而增加烟气处理量。生产中一般控制挥发分为 9%~13%[39]。

（2）火道负压。火道负压由烟气出口总管处的引风机提供，总负压为 160~200 Pa。负压是火道烟气运动的主要驱动力，在顶层挥发分通道处需要一定的负压将挥发分引入火道中，负压直接影响空气和挥发分的进入量。负压过小难以将挥发分引入火道中，燃烧不充分；而过大负压将吸入过多的空气，损失挥发分产生的热量。因此生产过程中要定期监测顶层火道负压，保证挥发分能够充分吸入火道中[2]。

（3）空气量。由于目前石油焦原料挥发分含量较高（>11%），且原有底部空气通道设计不尽合理，因此顶层负压不足，部分企业直接在首层位置增设金属板，通过调节火道拉板的开度，控制由外界环境进入的空气量。生产过程中需要保证在首层有充足的空气供给，防止挥发分燃烧不彻底，在蓄热室及烟道中发生燃烧，损坏设备[2]。

（4）单罐单位排料量。罐式炉的单位排料量是通过底部排料机控制，由于罐式炉的结构特点，排料量决定了石油焦在高温煅烧带的停留时间和煅烧温度[37]。

1.4 罐式炉煅烧石油焦技术研究现状

目前对石油焦煅烧的研究主要集中在石油焦物理化学、煅烧设备改进及煅烧设备数值模拟研究等领域。

1.4.1 石油焦煅烧物理化学性质研究

在石油焦煅烧物理化学性质研究中，主要集中在石油焦中挥发分组成、硫分脱除两个方面。Kocaefe 等人[28]测量得出了石油焦表观密度及孔隙率与温度的关系，指出挥发分的组成主要是 H_2、CH_4、CG（可冷凝的焦油气体），并给出了石油焦挥发分动力学参数。而陈宁[38]认为挥发分为 96% 的 CH_4 及其他可燃气体。王春华[12]通过爆炸式气体分析仪分析得出 CH_4、H_2 及 CO 总量超过 90%，然而，这些分析并未涵盖石油焦析出的 H_2S、N_2 等其他气体，因此难以准确进行总体气体量分析。Merrick 等人[40]假定挥发分气体为 CH_4、H_2、CO、CO_2 等，通过物质守恒方程计算煤中挥发分气体组成，该方法得到了广泛的应用[41-42]。因此，在挥发分组成中基于 Merrick 等人[40]的假设，参照季俊杰等人[41]的研究，本书研究中将石油焦挥发分组成视为 CH_4、CO、H_2、N_2，并根据物质守恒计算其组成。

李兴虎[43]研究了石油焦热值与其组成成分的关系得出石油焦热值关系见式（1-1），指出石油焦高位发热值为 32～39 MJ/kg，石油焦的热值与焦中碳含量、挥发分和灰分相关。沈伯雄[44-45]对石油焦进行了热重分析，给出了石油焦热解动力学参数的影响因素，并归纳给出了补偿公式，使用一维模型模拟计算颗粒热解燃烧过程，指出挥发分与燃烧特性的相关性。但是石油焦是用作燃料来研究，采用的颗粒半径为 0.001 m，颗粒尺寸较小，而石油焦煅烧过程颗粒粒度大于该值，热解及升温过程存在差异。

$$HHV = 33.67 w_C + 120.5 w_H + 9.25 w_S$$
$$LHV = 33.67 w_C + 97.892 w_H + 9.25 w_S - 2.512 w_{H_2O} \tag{1-1}$$

式中，HHV、LHV 分别表示高低位发热值，MJ/kg；w_C、w_H、w_S、w_{H_2O} 分别为石油焦中碳、氢、硫、水分含量。

在石油焦煅烧脱硫领域，Edwards 等人[46-47]指出石油焦中硫的脱除与最终煅烧温度有关，Elkaddah 等人[48]通过石墨电阻炉煅烧高硫石油焦（8.83%），研究发现温度越高，硫脱除越彻底，指出在 1600 ℃下保持 30 min 可脱除 96% 的硫。

Xiao 等人[49]建立了青岛焦的大分子含硫模型，指出有机硫主要以噻吩类大分子物质存在，并给出了煅烧过程中硫的脱除机制。孙传杰等人[25]通过化学分析指出硫分对硅砖存在侵蚀作用，在配料过程中需控制硫分小于 1.5%，以达到延长罐式炉寿命的目的。

1.4.2　石油焦煅烧工艺及优化研究

在罐式炉煅烧石油焦方面，目前国内外学者主要集中在研究设备的结构改进和工艺优化。黎文湘等人[15]对石油焦配料问题开展了研究，指出摒弃传统粗放式加料，改用 PLC 自动系统可有效提高阳极的稳定性。李秀川[50]探讨了存储和掺配等方法对石油焦质量的影响，指出需要综合考虑挥发分、杂质、硫分对煅后石油焦质量的影响。

针对罐式炉结构优化方面，陈宁[38]指出蓄热室的取舍取决于进入火道的空气温度是否满足温度要求，挥发分热值决定了是否需要额外添加燃料，并发现在现有生产环境下，可取消蓄热室且无须外加燃料。于磊[6]通过建立的大型化罐式炉，可使单罐单位产能提高 1 倍，并介绍了大型罐式炉的相关配套设施的改进措施。Zhao[51]、Edwards[7, 52]等人对回转窑和罐式炉进行了对比，指出罐式炉更适合处理粉焦含量高的生焦，同时介绍了新型罐式炉自动配料、给料、排料及温度实时监测系统，认为罐式炉大型化有利于提高煅后石油焦真密度及 CO_2 空气反应性。

施承教等人[53]探讨了热炉换水套工序，指出可通过放空料罐进行热炉更换水套，在更换完水套（<10 h）后补充对应的煅后石油焦和生焦，待挥发分析出到火道中燃烧后，即可进行正常生产。毛斌等人[54]分析了石油焦粉料过高易引起罐内放炮的原因，并提出了由于火道破损而引起"漏火"状况的维修策略。李秀莉[55]对罐式炉烟气热量进行计算，指出炉中烟气经导热油炉热交换后，仍存有大量热量可进行余热发电。

1.4.3　石油焦煅烧过程数值仿真研究

由于早期石油焦煅烧设备以回转窑为主，目前石油焦煅烧设备的数值模拟研究主要集中在回转窑，众多研究者建立了一维、三维数学模型研究回转窑内石油焦煅烧过程。

对于一维数学模型主要有 Perron[56]、Martins[57]等人建立了回转窑煅烧石油焦的一维数学模型，模型通过 14 组常微分方程描述了石油焦的质量和能量守恒，通过建立的模型预测回转窑中气相、固相及壁面温度，并与文献值对比验证，表明一维模型可用于回转窑温度预测。肖国俊[58]、沈利飞[59-60]等人通过建立的一维传热传质模型，预测了回转窑中石油焦、烟气和壁面的温度分布，对烟气和石油焦的逆向流动传热机制进行了分析，指出炉壁与底部石油焦之间的对流传热、石油焦表面与烟气之间辐射传热是回转窑中能量传递的主要形式。

对于三维数学模型研究，主要集中在二次、三次风的位置及供应量对回转窑的影响，以及物料在回转窑内的停留时间。Zhang 等人[61-62]为降低回转窑外加燃料用量，使用计算流体方法（CFD）进行石油焦颗粒在回转窑内的热解和燃烧过程模拟，研究了旋转角、入射角等变量总计 19 个工况，指出三次风入射角为 15°时优于 30°和 45°，可获得更高的料床温度及更低的气相夹杂。同时模拟了将窑尾烟气引入三次风中，且不外加天然气的工况下，石油焦可满足煅烧要求，窑头物料温度下降了 150 K，窑尾烟气温度为 1000 K。周萍等人[63]应用 CFD 技术研究影响石油焦烧损的因素，可通过调整二次风位置减少烧损，调整三次风可降低回转窑的能耗。王春华[12]对炭素回转窑炉内物料运动和窑内煅烧温度、速度分布进行了研究，指出了供风位置与供风量对回转窑温度分布的影响，并计算获得了石油焦在回转窑内的停留时间经验公式。Fan 等人[64]采用模糊控制方法处理回转窑内复杂非线性的过程，成功应用于回转窑控制，其研究成果可为罐式炉自动控制提供借鉴。

对于罐式炉的数值模拟研究还处于起步阶段，目前主要有周善红等人[20, 65]通过 CFD 方法，考虑了挥发分燃烧、气相辐射、壁面导热等因素，研究了火道及料罐温度分布，以及火道中的压力、速度分布，然而建立的模型将料罐视为长方体，自顶向下流动，仅对罐式炉火道气相燃烧及耐火砖、料罐固相区域的温度、压力分布进行了仿真研究，但未考虑石油焦中水分、挥发分热解析出，难以反映炉内真实煅烧情况。张忠霞等人[66]通过概率密度函数模型重点研究了罐式炉内火道温度，通过增加石油焦热量源项的方法模拟石油焦炭质烧损，给出了罐式炉内的温度、速度和压力场，与周善红等人的研究相同，均未考虑石油焦热解过程。

目前对于罐式炉内石油焦颗粒运动的相关文献报道较为匮乏，然而与罐式炉的重力排料原理相似的高炉、干熄炉等则采用离散元法（DEM）、黏性流模型进行了广泛研究。Chen[67]、Yagi[68]等人使用黏性流法研究了固定床中气-固受力及固相运动行为；Zhou[69]、张建良[70]、李强[71]、李超[72]等人通过离散元法进行了高炉内焦粒运动行为的研究；Feng[73]等人通过冷态模型和离散元法研究了 CDQ 炉的物料下降运动颗粒轨迹变化；于泉[74]、Zhao[75]、Chen[67]等人通过黏性流方法建立了高炉及干熄炉中物料下降运动分布，与冷态模型对比表明黏性流模型可描述炉内物料下降运动。这些成果均表明离散元法、黏性流模型可进行冶金炉内物料下降运动及内部受力关系研究。因此这些研究方法对罐式炉内石油焦运动研究具有重要的借鉴意义。

对于罐式炉内石油焦物料与火道之间复杂受热机理目前仍处于探索阶段，焦炉与罐式炉均属于间接加热，不同的是罐式炉内石油焦是密闭间歇竖直排料，而焦炉通过推焦排料。而在焦炉领域，众多学者开展了广泛的温度场研究。张世煜等人[42]通过建立的二维焦炉炭化室温度场计算模型，研究了原料中初始水分、初始温度与结焦时间的关系。Guo 等人[76]综合考虑了煤中各种挥发分气体，使用 CFD 方法建立了焦炉气固温度瞬态计算模型研究了不同时刻下焦炉内温度变化。在其他冶炼炉中，Krause 等人[77]通过 DEM-CFD 耦合方法，进行了石灰竖窑的温度场模拟，为炉内气-固异温模拟提供了新的方法。Wu[78]、Lin[79]等人通过双流体模型建立了流化床、链条炉数学模型，研究表明双流体模型可有效描述炉内气-固两相运动过程。结合罐式炉内石油焦热解析出挥发分的煅烧过程，上述研究成果可为罐式炉料罐内石油焦热解气-固复杂传热过程的研究提供理论和模型参考。

1.5　罐式炉煅烧技术问题及改进方向

罐式炉煅烧技术以其炭质烧损率低（4%左右）、煅烧质量优及无须额外燃料消耗等优势，已逐渐替代回转窑成为目前我国铝用炭素领域备受关注的技术。目前，罐式煅烧炉采用光电传感器实现了火道温度在线检测，然而因其自身结构的封闭特性，火焰不与原料直接接触（见图 1-5），罐内石油焦真实煅烧温度无法实时测量。生产中仅凭经验人工调整火道拉板间接控制罐内石油焦煅烧过程，往往存在误判、误差大和调节滞后等诸多问题。尤其近年来随着高粉焦比原料的增加，因其粒度小，表面积大，水分、挥发分含量高，煅烧过程易引起罐内结焦、炉底放炮等异常炉况，造成炉体破损、过烧、煅后石油焦疏松易粉化等诸多问题，严重制约生产稳定，同时也造成了车间环境污染。此外，大量使用高硫焦及温度粗放控制的生产工艺，煅烧过程硫分逸出率增加，与硅酸盐耐火砖发生反应侵蚀火道硅砖愈加严重，极大地降低了炉体寿命。

鉴于当前罐式炉煅烧石油焦技术与原料质量劣化及日益严格的环保要求之间存在不匹配的问题，本书采用现代仪器检测分析、热分析动力学、冷热态实验，以及计算流体力学等相结合的研究手段，对罐式炉煅烧石油焦过程的相关基础理论进行深入研究。研究成果旨在为罐式炉煅烧技术水平的科学提升提供坚实理论基础和有效的计算工具。

本书围绕罐式炉结构优化设计涉及的基础理论、建模及应用问题，重点开展以下几项研究：

（1）石油焦热解脱挥发分行为基础理论。研究热解条件、原料来源对石油焦热解气相产物组成的影响规律，探明热解动力学速率方程及控制性环节。

（2）石油焦颗粒堆积床层阻力及传热特性。通过热分析测试技术研究石油

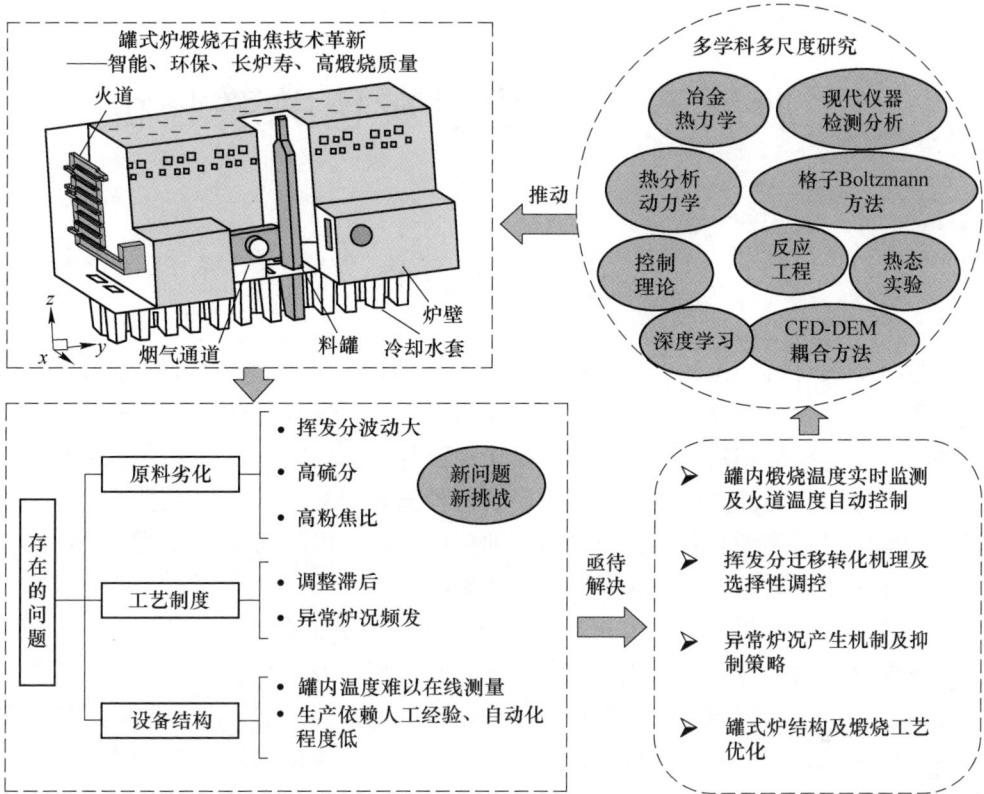

图 1-5 罐式炉煅烧技术现状及未来发展方向

焦基础物性参数；开展堆积料层渗流阻力特性实验及数值仿真研究，研究空隙率、粒度分布等因素对堆积床层气相渗流阻力特性的影响规律，获得修正 Ergun 方程。通过导热反问题方法及等效导热系数模型，厘清料层颗粒粒度、温度与料层传热特性之间的内在联系。

（3）料罐内石油焦颗粒下降运动行为。建立罐式炉内石油焦排料下降运动物理试验冷态模型，应用离散单元法对石油焦从料罐料斗至冷却水套出口的全过程进行数值计算，查明料罐内石油焦的堆积分布、料罐排料过程石油焦颗粒的运动行为及接触力链分布。

（4）罐式炉多场仿真数模平台开发及应用研究。采用多物理场耦合数值建模方法，构建罐式炉多场仿真计算平台，研究炉体尺寸、工艺等因素对炉内温度场、挥发分迁移的影响规律，探讨罐式炉几何结构优化策略。

2 煅后石油焦质量灰色关联分析

2.1 概　述

罐式炉煅烧石油焦的工艺过程中，石油焦的煅烧质量受到多种因素的影响，包括石油焦的物化性质、挥发分含量、火道温度及单罐排料量等。目前，罐式煅烧炉的自动化程度相对较低，在实际操作中，各个影响煅后石油焦质量的控制因素主要依据生产经验来确定。然而，由于这种选取标准缺乏充分的理论支持，因此难以验证其可靠性及各因素对煅后石油焦质量影响程度的主次关系。因此，亟须明确工艺条件对煅后石油焦质量的具体影响。

传统的统计分析方法主要包括回归分析法、主成分分析法等[80]，其主要通过数理统计和概率分布的方式确定各因素之间的相互关系，通常对样本的选择有一定的要求。由于影响石油焦煅烧质量的因素较多，其大多数因素之间存在复杂的强耦合关系，因此通过传统的统计分析方法难以准确预测各因素之间的关联程度。灰色关联理论作为一种可以分析确定各因素间影响程度或各因素因子对主行为的贡献度的分析方法[80-82]，其适用性较广，对样本没有特殊性要求，可克服传统统计分析方法的不足，被逐渐应用在冶金领域以确定各影响因素之间的主次关系。吴俐俊等人[83]通过灰色关联分析，研究了各因素对高炉冷却壁热面最高温度和热应力的影响，并对其进行结构优化。李爱莲等人[84]对影响高炉温度的12个变量进行相关性分析，获得了影响高炉温度的主要因素，摒弃了影响高炉温度的次要因素。秦庆伟[85]将灰色关联理论应用在铝电解过程中，获得了对惰性阳极材料的腐蚀具有重大影响的主要因素参数。陈湘涛[86]利用灰色关联理论对铝电解过程产生的大量数据进行挖掘，量化了非主因素与主因素之间的相关程度，为合理调整各控制参数提供有效的理论支撑。目前在罐式炉煅烧石油焦的生产过程中，对于各因素之间的相互影响关系鲜有文献报道，仅仅依靠工人的实际操作经验进行现场控制，并且由于罐式炉的自动化程度较低，封闭式的料罐内的温度目前难以实时准确监测，实际生产中仅能监测火道温度，可获得的数据量较少且不全面，难以对各因素之间的相互关系进行指标量化。因此，采用灰色关联分析可在少量的生产测量数据基础上，通过数据预处理的方式，分析影响煅后石油焦质量的各个影响因素与煅后石油焦质量的关联程度，分析影响的主次关系[83-84]，获得影响煅后石油焦质量的关键影响因素，为实际生产提供重要的决策支持。

续正国等人[24]指出，石油焦煅烧程度的衡量指标有粉末电阻率、真密度及含氢量等因素，我国目前主要以粉末电阻率及真密度两个指标作为衡量煅烧程度的标准，并指出煅烧温度是煅烧质量的关键。但是并未在理论上给出煅后石油焦质量与控制工艺之间的关联程度。

本章基于灰色关联分析法对衡量煅后石油焦质量的真密度、粉末电阻率进行关联度分析，分析罐式煅烧炉内各生产控制因素与煅后石油焦质量的相关程度，获得影响煅后石油焦质量的关键因素，为合理调控各控制参数提供有效的理论支撑。

2.2 灰色关联分析法基本原理

灰色关联分析法的核心思想是通过确定参考数据列和多个比较数据列的曲线形状相似程度来判断其相关性，关联度是指两个因素之间随时间等变化而变化的关联性的无量纲量。灰色关联分析法的主要计算步骤为：首先确定比较数据列和参考数据列，然后对这些数据进行无量纲化处理，最后计算灰色关联系数矩阵及灰色关联度。

（1）确定比较数据列及参考数据列。对于生产过程中的 m 组测量数据，每组数据含有 n 个控制指标，可表示为：

$$
(X_1, X_2, \cdots, X_n) = \begin{bmatrix} x_1(1) & x_2(1) & \cdots & x_n(1) \\ x_1(2) & x_2(2) & \cdots & x_n(2) \\ \vdots & \vdots & \vdots & \vdots \\ x_1(m) & x_2(m) & \cdots & x_n(m) \end{bmatrix} \tag{2-1}
$$

式中，$X_i = (x_i(1), x_i(2), \cdots, x_i(m))^{\mathrm{T}}$，$i = 1, 2, \cdots, n$；$x_i(k)$ 为第 k 组测量数据的第 i 个相关因素。

以煅后石油焦质量的两个主要质量指标（真密度和粉末电阻率）分别作为参照数据，可表示为：

$$
X_0 = (x_0(1), x_0(2), \cdots, x_0(n))^{\mathrm{T}} \tag{2-2}
$$

式（2-1）和式（2-2）合并可重新描述为：

$$
(X_0, X_1, \cdots, X_n) = \begin{bmatrix} x_0(1) & x_1(1) & \cdots & x_n(1) \\ x_0(2) & x_1(2) & \cdots & x_n(2) \\ \vdots & \vdots & \vdots & \vdots \\ x_0(m) & x_1(m) & \cdots & x_n(m) \end{bmatrix} \tag{2-3}
$$

（2）数据无量纲化处理。由于式（2-3）中各个控制指标的比较数据列及参考数据列的数值差异较大，如二层火道温度波动范围为 1250~1350 ℃，而灰分变化仅 0.1%~0.3%，如果不对数据进行预处理，无法在同一度量尺度上进行数据分析。通过对各个控制指标进行无量纲数据处理，可将各组数据统一在一个度量尺度上进行研究。目前常用的无量纲方法主要有初值化法、归一化法和均值化法三种方法。本章采用的是均值化法，可表示为：

$$y_i(k) = \frac{x_i(k)}{\dfrac{1}{m}\displaystyle\sum_{k=1}^{m} x_i(k)} \quad i = 0,\ 1,\ \cdots,\ n;\ k = 1,\ 2,\ \cdots,\ m \tag{2-4}$$

使用均值化法无量纲化罐式煅烧炉控制参数，式（2-3）进行均值化处理可表示为：

$$(\boldsymbol{Y}_0,\ \boldsymbol{Y}_1,\ \cdots,\ \boldsymbol{Y}_n) = \begin{bmatrix} y_0(1) & y_1(1) & \cdots & y_n(1) \\ y_0(2) & y_1(2) & \cdots & y_n(2) \\ \vdots & \vdots & \vdots & \vdots \\ y_0(m) & y_1(m) & \cdots & y_n(m) \end{bmatrix} \tag{2-5}$$

（3）计算灰色关联系数矩阵。计算各组测量数据列（工艺控制参数）与参考数据列（煅后石油焦真密度、粉末电阻率）的灰色关联系数，计算公式表示为：

$$\zeta_{0i}(k) = \frac{\displaystyle\min_i \min_k |\boldsymbol{y}_0(k) - \boldsymbol{y}_i(k)| + \psi \max_i \max_k |\boldsymbol{y}_0(k) - \boldsymbol{y}_i(k)|}{|\boldsymbol{y}_0(k) - \boldsymbol{y}_i(k)| + \psi \max_i \max_k |\boldsymbol{y}_0(k) - \boldsymbol{y}_i(k)|}$$
$$k = 1,\ 2,\ \cdots,\ m \tag{2-6}$$

式中，$\zeta_{0i}(k)$ 为 $\boldsymbol{y}_0$ 与 $\boldsymbol{y}_i$ 的关联系数；ψ 为灰色关联的分辨系数，在式（2-6）中作为分母的 ψ 越小，灰色关联系数 $\zeta_{0i}(k)$ 计算值越大，越能进行区分，本书根据文献[84]取值为 0.5。

（4）计算灰色关联度。对式（2-6）进行取平均值计算灰色关联度，以反映各控制指标与煅后石油焦质量参数的关联程度，可表示为：

$$\gamma_{0i} = \frac{1}{m}\sum_{k=1}^{m} \zeta_{0i}(k) \tag{2-7}$$

2.3　影响石油焦煅烧质量因素的灰色关联分析

2.3.1　煅后石油焦真密度及粉末电阻率线性回归拟合

根据已有的现场生产数据（共计 1128 组），对单罐单位排料量 DR、二层火

道温度 T_2、八层火道温度 T_8、生焦中灰分含量 w_A、挥发分含量 w_V、硫分含量 w_S 等6个变量及粉末电阻率和真密度使用最小二乘法进行线性回归，得出粉末电阻率及真密度与单位排料量 DR、二层火道温度 T_2、八层火道温度 T_8、生焦中灰分含量 w_A、生焦中挥发分含量 w_V、生焦中硫分含量 w_S 的线性关系。

$$y = a_0 + a_1 DR + a_2 T_2 + a_3 T_8 + a_4 w_A + a_5 w_V + a_6 w_S \tag{2-8}$$

对于煅后石油焦粉末电阻率，其中 $a_0 = 4.0690 \times 10^2$，$a_1 = 1.0079$，$a_2 = 3.0741 \times 10^{-2}$，$a_3 = -2.0071 \times 10^{-1}$，$a_4 = -25.300$，$a_5 = 7.6011$，$a_6 = 6.0821$，平均相对误差3.876%，最大相对误差17.191%。

对于煅后石油焦真密度，其中 $a_0 = 2.0382$，$a_1 = -1.3598 \times 10^{-4}$，$a_2 = -4.1316 \times 10^{-6}$，$a_3 = 5.3943 \times 10^{-5}$，$a_4 = -6.7587 \times 10^{-3}$，$a_5 = -3.4861 \times 10^{-4}$，$a_6 = -6.7553 \times 10^{-4}$，平均相对误差0.323%，最大相对误差1.608%。

从式（2-8）可知，煅后石油焦质量与各因素之间的线性关系，由于数据中数值度量不一（温度值为 1273~1623 K，而灰分含量仅 0.1%~0.3%），无法定性分析各因素对煅后石油焦质量影响的主次关联程度。

2.3.2 煅后石油焦真密度灰色关联分析

根据实际生产经验，初步确定影响煅后石油焦真密度的影响因素，其分别为单罐单位排料量 DR、二层火道温度 T_2、八层火道温度 T_8、生焦中灰分含量 w_A、挥发分含量 w_V、硫分含量 w_S 等6个变量。选取某炭素厂的实际工艺生产数据（共计1128组），其部分具体数据值见表2-1。表2-1中 DR、T_2、T_8、w_A、w_V 及 w_S 等6个生产控制因素作为比较数据列，煅后石油焦真密度及粉末电阻率作为参考数据列。

表 2-1　煅后石油焦质量及其影响因素部分原始数据

$DR/\text{kg} \cdot \text{h}^{-1}$	$T_2/℃$	$T_8/℃$	$w_A/\%$	$w_V/\%$	$w_S/\%$	真密度 $/\text{g} \cdot \text{cm}^{-3}$	粉末电阻率 $/\mu\Omega \cdot \text{m}$
93.600	1607	1319	0.240	11.160	2.210	2.090	494.300
90.000	1608	1322	0.160	11.160	2.460	2.085	493.100
83.570	1618	1325	0.260	12.100	2.220	2.088	486.100
86.670	1606	1315	0.160	11.390	3.010	2.098	496.700
78.000	1613	1335	0.200	11.420	4.000	2.077	488.300
32.500	1529	1307	0.170	11.650	2.820	2.087	443.100
41.790	1534	1312	0.210	11.240	2.980	2.085	445.300
73.130	1583	1399	0.240	9.500	4.680	2.088	410.500
80.690	1615	1337	0.210	10.720	3.690	2.095	433.300
⋮	⋮	⋮	⋮	⋮	⋮	⋮	⋮

　　基于灰色关联分析法，在 Excel 软件中使用求平均值函数 AVERAGE（），将表 2-1 中数据按式（2-4）进行均值化无量纲处理，即将各数值除以数据列的平均值，其计算结果见表 2-2。表 2-2 列出了煅后石油焦质量及其影响因素的均值化无量纲数据，这些数据均在一个度量尺度上，便于后续数据处理。

表 2-2　煅后石油焦质量及其影响因素均值化数据

DR	T_2	T_8	w_A	w_V	w_S	真密度	粉末电阻率
1.104	1.004	0.991	1.124	1.019	0.688	1.003	1.058
1.061	1.004	0.994	0.749	1.019	0.766	1.000	1.056
0.986	1.010	0.996	1.217	1.104	0.692	1.002	1.041
1.022	1.003	0.988	0.749	1.040	0.938	1.006	1.063
0.920	1.007	1.004	0.936	1.042	1.246	0.996	1.045
0.383	0.955	0.982	0.796	1.063	0.878	1.001	0.949
0.493	0.958	0.986	0.983	1.026	0.928	1.000	0.953
0.862	0.989	1.052	1.124	0.867	1.458	1.002	0.879
0.952	1.009	1.005	0.983	0.978	1.149	1.005	0.928
⋮	⋮	⋮	⋮	⋮	⋮	⋮	⋮

　　将表 2-2 中的真密度及其影响因素均值化无量纲数据，在 Excel 软件中采用最小值函数 MIN（）、最大值函数 MAX（）及绝对值函数 ABS（）按式（2-6）进行求解计算，获得煅后石油焦真密度与各因素之间的灰色关联系数，具体数据见表 2-3。

表 2-3　煅后石油焦真密度与各因素灰色关联系数

DR	T_2	T_8	w_A	w_V	w_S
0.817	0.996	0.971	0.789	0.966	0.590
0.881	0.989	0.982	0.643	0.961	0.659
0.965	0.976	0.985	0.677	0.815	0.593
0.967	0.994	0.956	0.637	0.932	0.868
0.855	0.973	0.983	0.883	0.908	0.644
0.471	0.899	0.963	0.964	0.946	0.863
0.764	0.967	0.877	0.787	0.770	0.497
0.894	0.988	0.997	0.954	0.945	0.758
⋮	⋮	⋮	⋮	⋮	⋮

　　使用 Excel 软件，将表 2-3 中的数据采用求平均值函数 AVERAGE（）按式（2-7）计算每列的平均值，获得煅后石油焦真密度与各影响因素的关联度，

具体结果见表 2-4。由表 2-4 可知，灰色关联度值 $T_2 > T_8 > w_V > DR > w_A > w_S$，灰色关联度均大于 0.5。表明该 6 个变量均对煅后石油焦真密度有显著影响，其中影响最大的因素为火道温度、挥发分含量和单罐单位排料量。

表 2-4 煅后石油焦真密度灰色关联度

DR	T_2	T_8	w_A	w_V	w_S
0.856	0.977	0.967	0.755	0.887	0.656

2.3.3 煅后石油焦粉末电阻率灰色关联分析

按照上述方法，将表 2-2 中的粉末电阻率及其影响因素的数据按照式（2-6）进行求解计算，获得煅后石油焦粉末电阻率与各因素之间的灰色关联系数，具体结果见表 2-5。

表 2-5 煅后石油焦粉末电阻率与各因素灰色关联系数

DR	T_2	T_8	w_A	w_V	w_S
0.905	0.889	0.863	0.869	0.916	0.539
0.987	0.895	0.872	0.586	0.921	0.599
0.887	0.939	0.904	0.710	0.872	0.554
0.913	0.879	0.847	0.579	0.948	0.775
0.775	0.922	0.913	0.799	0.993	0.683
0.485	0.991	0.937	0.936	0.857	0.945
0.963	0.801	0.700	0.639	0.974	0.428
0.948	0.840	0.846	0.886	0.895	0.661
⋮	⋮	⋮	⋮	⋮	⋮

将表 2-5 中的数据按照式（2-7）求解计算各列的平均值，获得煅后石油焦粉末电阻率与各影响因素的关联度，具体结果见表 2-6。由表 2-6 可知，灰色关联度值 $T_2 > T_8 > w_V > DR > w_A > w_S$，灰色关联度均大于 0.5。表明这 6 个变量均对煅后石油焦粉末电阻率有显著影响，其中影响最大的因素为火道温度、挥发分含量和单罐单位排料量。

表 2-6 煅后石油焦粉末电阻率灰色关联度

DR	T_2	T_8	w_A	w_V	w_S
0.869	0.912	0.894	0.735	0.886	0.642

综上所述，灰色关联分析结果表明，火道温度、挥发分含量、单罐单位排料量是影响煅后石油焦质量的三大关键主因素。因此通过火道温度、挥发分含量、

单罐单位排料量控制煅烧罐内石油焦经历的最高温度是决定煅后石油焦质量的关键。

2.4　本章小结

采用灰色关联分析法从统计学角度分析单罐单位排料量 DR、二层火道温度 T_2、八层火道温度 T_8、生焦中灰分含量 w_A、挥发分含量 w_V、硫分含量 w_S 等 6 个控制因素与煅后石油焦质量之间的关联程度。计算结果表明，煅后石油焦真密度及粉末电阻率与各因素的灰色关联度值为 $T_2 > T_8 > w_V > DR > w_A > w_S$，且所有因素的灰色关联度均大于 0.5，说明这 6 个变量均对煅后石油焦真密度及粉末电阻率具有显著影响。其中，火道温度（T_2 和 T_8）、挥发分含量 w_V 和单罐单位排料量 DR 是影响最大的 3 个因素。

3　石油焦热解动力学模型及反应机理

3.1　概　　述

石油焦是炼油过程中的一种副产品[87-89]，全球石油焦的产量已超过 1.5 亿吨，其中，我国是重要的石油焦消费大国之一[90-93]。我国 70%以上的铝用石油焦是采用罐式煅烧炉工艺进行生产。石油焦在煅烧过程中伴随着挥发分的析出，析出的挥发分进入煅烧炉燃烧系统参与燃烧，是煅烧过程重要的热量来源。相关研究表明，煅烧温度、升温速率、粒度等因素直接影响石油焦热解挥发分的迁移转化，进而影响煅后石油焦的质量[94-96]。准确掌握石油焦热解特性及热解动力学，对提高产品质量和降低能耗具有重要意义。

目前，部分学者针对石油焦热解动力学开展了初步研究工作，如 Shen 等人[97]提出采用 $(1-\alpha)^3$ 模型预测了石油焦热解过程。并在此基础上提出了石油焦的热解机理，估算了 4 种石油焦的动力学参数。Afrooz 等人[98]采用五种不同的模型估算了石油焦的活化能参数，最终发现修正正态分布函数和收缩核模型（SCM）的拟合效果最好。

机器学习算法因具有出色的泛化能力和计算速度，能够有效地解决传统实验和仿真难以处理的问题，近年来在能源领域和工程技术领域呈现出了迅猛发展的趋势[92, 99-106]。但机器学习在石油焦热解方面研究的应用相对较少，其预测潜力有待进一步挖掘。Govindan 等人[101]使用收缩粒子模型（SPM）和重量分数模型（WFM）估算了煅后石油焦的燃烧动力学参数，该研究注重于石油焦在 650 ℃ 的等温热解，并基于等温-热重分析（TGA）数据构建了人工神经网络（ANN）模型，预测煅后石油焦燃烧和氧燃烧的热失重（TG）曲线，实验数据与预测数据吻合良好，开辟了石油焦热解动力学机器学习研究领域的先河。Kang 等人[107]采用前馈反向传播神经网络（FFBPNN）的三种优化算法，对石油焦与煤或生物质在流化床中的共气化反应进行了预测，研究表明粒子群算法具有更好的预测性能。Sathiya Prabhakaran 等人[92]通过无模型方法获得了氧气气氛下石油焦热解动力学参数，并通过人工神经网络等多学科工具验证和优化了热降解行为。在这项研究中，以温度和升温速率为输入层，以热失重（%）为输出层，其预测性能较好。然而，石油焦热解过程除了受温度和升温速率的影响外，石油焦的种类也是重要影响因素之一，应进一步考虑。

为此，本章采用非等温热重分析方法，研究了 6 种石油焦在不同升温速率下的热失重特性，并基于独立平行反应模型（IPR）获得了其动力学参数。以温度、升温速率和石油焦种类（以 CHNS 的含量为代表）为输入层，以质量（%）为输出层。采用反向传播神经网络（BPNN）构建了石油焦热解预测模型，并通过实验数据验证了模型的预测性能。此外，还讨论了 BPNN 模型对这 6 种石油焦的预测性能，以及预测的热重数据在后续步骤（如活化能的计算）中的可靠性。本章研究的目的是实现预测数据替代热重实验数据的可能性，从而减少后期在确定石油焦最佳热解、煅烧条件，以及反应器设计、优化方面的研究时间和成本。

3.2　原料和方法

3.2.1　石油焦原料分析

为使研究更具有广泛的代表性，实验选取了来自抚顺（FS）、富宇（FY）、武汉（WH）、镇海（ZH）、齐鲁（QL）、石家庄（SJZ）六种来源的石油焦作为实验样品。样品经研磨过 0.150 mm（100 目）的筛，并在干燥箱内以 150 ℃ 的温度干燥 48 h。石油焦原料的理化分析包括工业分析和元素分析两方面。基于 E871-82 2006、E1755-01 2007 和 E872-&82 2006 标准[108-109]，对石油焦进行工业分析，获得水分和挥发分的含量。使用元素分析仪（Elementar Analysensystem GmbH, Germany）测定石油焦中的 C、H、N 和 S 元素含量，测试结果见表 3-1。由表 3-1 可知，FS 石油焦的硫含量在 1% 以下，属于低硫石油焦，其他五种石油焦为高硫石油焦。FY 石油焦的挥发分含量最高为 13.63%，FS 石油焦的挥发分含量最低，仅为 10.48%。使用场发射扫描电子显微镜（SEM, Inspect F50, FEI, USA）观察了石油焦的形貌特征（见图 3-1）。结果表明，石油焦表面凹凸不平，具有明显的层状流动纹理。石油焦具有典型的多孔结构，这些孔洞相互贯通，呈椭圆形，平均尺寸约为 400 μm。

表 3-1　石油焦的理化性质

分析		质量分数/%					
		FS	FY	WH	ZH	QL	SJZ
工业分析	水分	0.57	0.61	0.43	0.75	0.68	1.04
	挥发分	10.48	13.63	11.23	12.64	12.13	10.64

分析		质量分数/%					
		FS	FY	WH	ZH	QL	SJZ
元素 分析 （干基）	C	86.98	87.40	88.03	86.79	87.06	86.94
	H	2.81	3.79	3.70	3.57	3.59	3.52
	N	1.39	2.69	1.99	2.29	2.33	1.25
	S	0.32	1.65	2.17	2.67	2.56	4.14

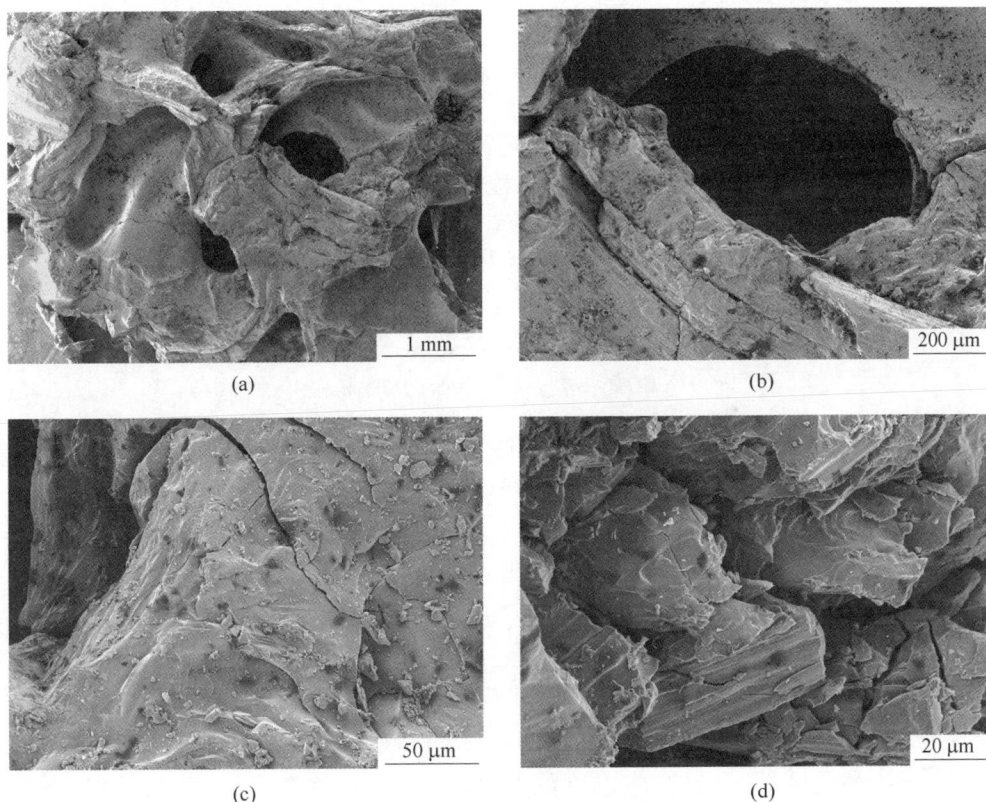

(a)

(b)

(c)

(d)

图 3-1　FS 石油焦样品 SEM 图

3.2.2　石油焦热分析方法

采用热重分析仪 STA 449F3 型同步 TG-DSC 热分析仪（耐驰，德国）对六种石油焦的热解行为进行分析。升温范围为 25~1300 ℃，升温速率为 5 ℃/min、10 ℃/min、15 ℃/min 和 20 ℃/min。氩气气氛中，吹扫和保护气流量为 40 mL/min。以热重实验数据为依据，建立 BP 神经网络的数据库。

采用热重质谱联用仪分析石油焦的热解气体产物组成，以抚顺石油焦为例。其中 TGA 为法国塞特拉姆（SETARAM, SETSYS Evolution 16/18），质谱仪为德国普法（PFEIFFER, OMNI star）。采用多离子通道方式（MID）检测，热重逸出气体由质谱在线检测记录。测试条件为：样品 10 mg±0.1 mg，高纯氦气（纯度99.999%）保护气氛，吹扫气流量 50 mL/min，保护气流量 25 mL/min，热分析温度范围为 25～1200 ℃，升温速率为 10 ℃/min。操作电压 70 eV，质谱质量范围为 0～200 amu（amu 为相对质量，定义为 ^{12}C 原子质量的 1/12）。

3.2.3　热解动力学方法

石油焦热解是一个复杂的化学过程，在整个转化过程中经常发生多种反应。石油焦在惰性气氛下的煅烧过程可以用式（3-1）简单概括如下：

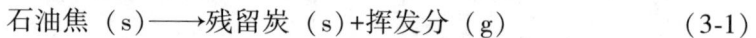

$$石油焦（s）\longrightarrow 残留炭（s）+挥发分（g） \tag{3-1}$$

石油焦热解过程的固态反应速率方程可表示为[110]：

$$\frac{\mathrm{d}\alpha}{\mathrm{d}t} = k(T)f(\alpha) \tag{3-2}$$

$$\alpha = (m_0 - m_t)/(m_0 - m_\infty) \tag{3-3}$$

$$k(T) = k_0\exp[-E/(RT)] \tag{3-4}$$

式中，α 为石油焦的转化率；m_0、m_t、m_∞ 分别为初始时刻、t 时刻及最终时刻的质量；$f(\alpha)$ 为反应机理函数；$k(T)$ 为 Arrhenius 速率常数；k_0 为指前因子；E 为活化能；R 为理想气体常数；T 为温度。

非等温条件下，定义 $\beta = \mathrm{d}T/\mathrm{d}t$，则式（3-2）可表示为：

$$\frac{\mathrm{d}\alpha}{\mathrm{d}T} = \frac{k_0}{\beta}\exp\left(-\frac{E}{RT}\right)f(\alpha) \tag{3-5}$$

石油焦的热解反应可看作等温均相反应，则机理函数的微分形式可表示为 $f(\alpha) = (1-\alpha)^n$。则式（3-5）可表示为：

$$\frac{\mathrm{d}\alpha}{\mathrm{d}T} = kf(\alpha) = \frac{k_0}{\beta}\exp\left(-\frac{E}{RT}\right)(1-\alpha)^n \tag{3-6}$$

式中，n 为反应级数；β 为升温速率。

石油焦非等温热降解反应机理函数的积分形式 $g(\alpha)$ 可表示为[111]：

$$g(\alpha) = \int_0^\alpha \frac{\mathrm{d}\alpha}{f(\alpha)} \approx \frac{k_0}{\beta}\int_0^T \exp\left(-\frac{E}{RT}\right)\mathrm{d}T = \frac{k_0 E}{\beta R}p(y) \tag{3-7}$$

式中，$y = E/(RT)$，$p(y) = -\int_\infty^y \frac{\exp(-y)}{y^2}\mathrm{d}y$。

石油焦的结构及其热解过程是非常复杂的，包括一次裂解（芳环的裂解与缩聚、石油焦支链和侧链的断裂等)、二次反应(焦油裂解反应及交联成炭反应)等[112-114],这些反应多是平行和连续反应。独立平行反应模型是在生物质和工业废弃物等热解领域应用较为广泛的动力学模型[115-117]。相关研究报道其与实验数据吻合度较好,为此,本书采用独立平行反应模型描述石油焦的热解。独立平行反应模型又称为 n-伪组分模型,是指石油焦的热解过程可以通过几个独立的平行一级或 n 级反应来描述,各反应对应于石油焦中不同成分的热解,可描述为[118]:

$$\frac{d(m_t/m_0)}{dt} = -\sum c_i \cdot \frac{d\alpha_i}{dt} \quad i = 1, 2, 3, \cdots, N \tag{3-8}$$

$$\frac{d\alpha_i}{dt} = k_i \cdot \exp\left(\frac{-E_i}{R \cdot T}\right) \cdot (1 - \alpha_i)^{n_i} \tag{3-9}$$

式中,c_i 为伪组分 i 的质量分数。

以 $(O.F.)$ 为目标函数,通过最小二乘非线性方法获得未知动力学参数[115-116]:

$$O.F. = \sum \left[\left(\frac{d\alpha}{dt}\right)^{exp} - \left(\frac{d\alpha}{dt}\right)^{cal}\right]^2 \tag{3-10}$$

式中,$(d\alpha/dt)^{exp}$ 和 $(d\alpha/dt)^{cal}$ 分别为非等温热重实验和模型计算获得 $d\alpha/dt$ 曲线。

3.3 石油焦热解动力学分析

3.3.1 石油焦的热解行为

图 3-2 所示为 5 ℃/min、10 ℃/min、15 ℃/min 和 20 ℃/min 升温速率下的 6 种石油焦的 TG 和 DTG 曲线。以图 3-2(a)TG 曲线为例进行分析可知,石油焦的热解大体分为三个区间。在温度区间 I 内(室温至 250 ℃),主要发生石油焦的液化、扩散、流动等物理化学变化,质量损失较小。在 20 ℃/min 的加热速率下,FS 焦的质量损失仅为 0.87%。样品失重最大是在温度区间 II(250~900 ℃),质量损失为 8.59%,此时热解过程剧烈,释放出大量的小分子挥发分、水分、轻质焦油、CO 和 CO_2 等,对应于 DTG 曲线中的宽热解峰。在温度区间 III(900~1300 ℃),质量损失显著下降,仅为 1.17%,在该阶段石油焦发生快速聚合和炭化反应,分子重新排列,其乱层堆积结构更趋有序和稳定。

6 种石油焦的 DTG 曲线均为单峰曲线,以 20 ℃/min 升温速率下 FS 焦的热解为例,石油焦从 250 ℃左右开始热解,572 ℃时,失重速率达到-0.4634%/min 的最大值,直到 1300 ℃左右,热解基本结束,此时石油焦残留比例为 89.36%。

6 种石油焦中，FY 焦的失重量和最大反应速率的值最大，结合表 3-1 可知，这是由于 FY 焦挥发分含量最高所致，至 1300 ℃左右时 FY 焦残留比例为 82.34%（20 ℃/min）。此外还发现，随着升温速率的提高，DTG 曲线峰值逐渐增大，且向高温区域偏移，出现热滞后现象。这是因为石油焦在不同的加热速率下经历了不同的热解速率，导致其热解温度范围增加。

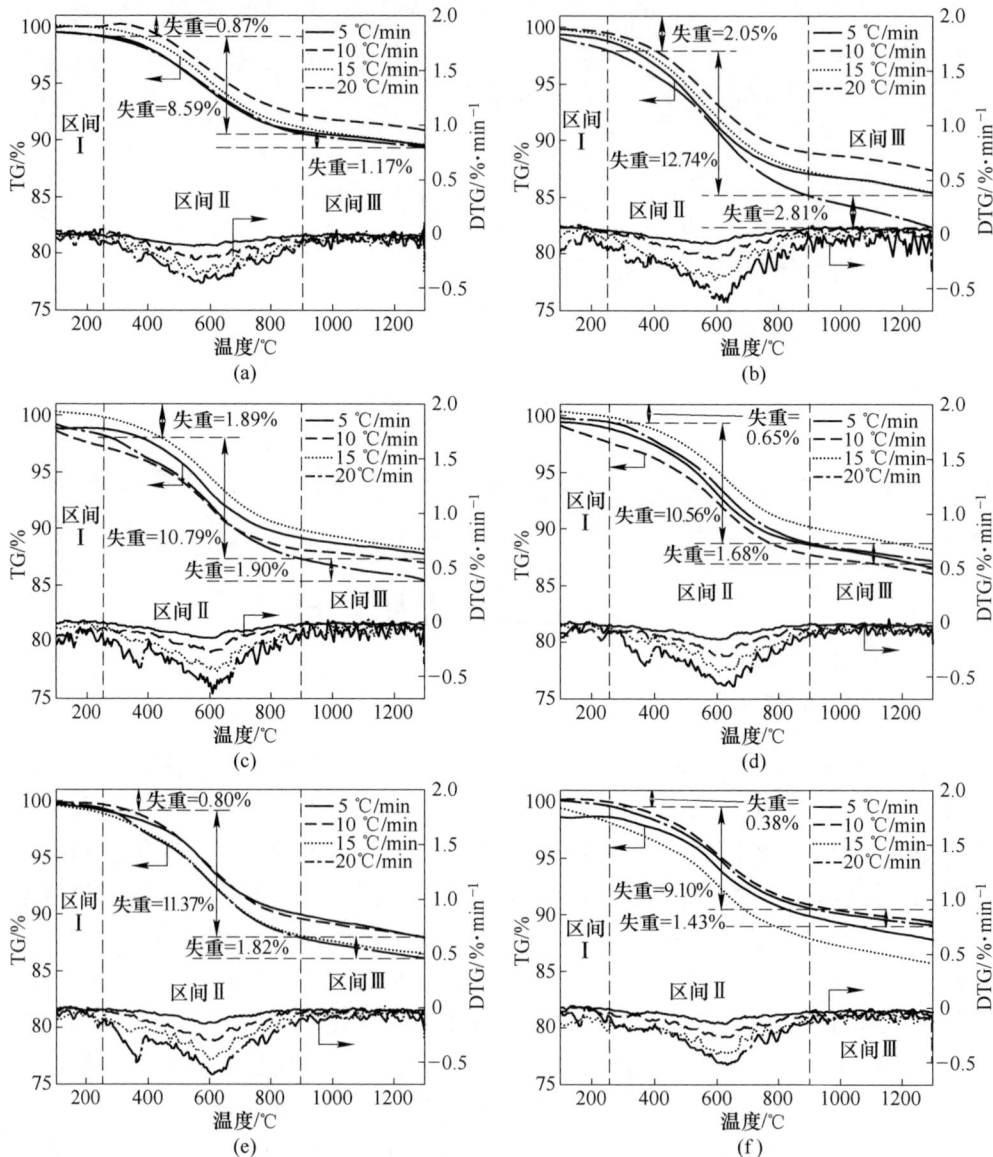

图 3-2　不同升温速率下 6 种石油焦的 TG 和 DTG 曲线

（a）FS；（b）FY；（c）WH；（d）ZH；（e）QL；（f）SJZ

3.3.2 石油焦 TG-MS 分析

图 3-3 所示为 FS 石油焦在 $100 \sim 1200$ ℃ 范围内以 10 ℃/min 的加热速率热解过程中释放的 TG/DTG 曲线，以及主要小分子气体产物析出特性。由图 3-3（a）可知，CH_x 是石油焦热解主要的气体产物之一，CH_x 在质谱中以 $m/z = 13$、14、15 和 16 的碎片为主。CH_x 片段主要出现在 II 阶段，在约 450 ℃ 时开始产生，600 ℃ 时出现最大析出峰，这基本上对应于 TG/DTG 曲线中的最大热解峰（550 ℃），由于气体析出过程中存在滞后现象，会有一定偏差，在约 850 ℃ 时 CH_x 片段不再析出。这主要是由石油焦中的脂肪族成分裂解产生，其产生过程大体包括长链芳基-烷基醚键断裂分解和二次裂解等反应[119]。CH_4 系列碎片在 300 ℃ 左右开始产生，在 600 ℃ 左右可观测到最强峰，在 900 ℃ 停止产生。在 $600 \sim 850$ ℃ 间存在 CH_4 的强度峰，这主要是由石油焦中的芳烃结构的缩聚反应产生的[120]。此外，在 $550 \sim 900$ ℃ 的温度范围内也观察到较强的 H_2 析出峰，这主要由石油焦中芳香环结构的缩聚产生。

由图 3-3（b）还发现，脂肪烃 C_3H_5 在 800 ℃ 左右高温下达到峰值，且恰好对应于 H_2 的最高热解峰。根据 TG/DTG 分析，在 800 ℃ 附近只有一个小的失重峰值。因此脂肪烃可能来自大分子官能团分解成较小的分子（如石油焦结构中的直链长链烷烃和支链）。三个阶段中均有 H_2O 存在，阶段 I 中水分损失与吸附水的干燥析出有关，后两个阶段的水分损失与石油焦分子中含氧官能团（C—O 和 C—OH）的裂解有关。H_2O 在 $600 \sim 800$ ℃ 存在一个较高的峰值区间，恰好对应于 CH_x 和 C_3H_5 的峰值，这表明两者生成过程中产生大量 H_2O。

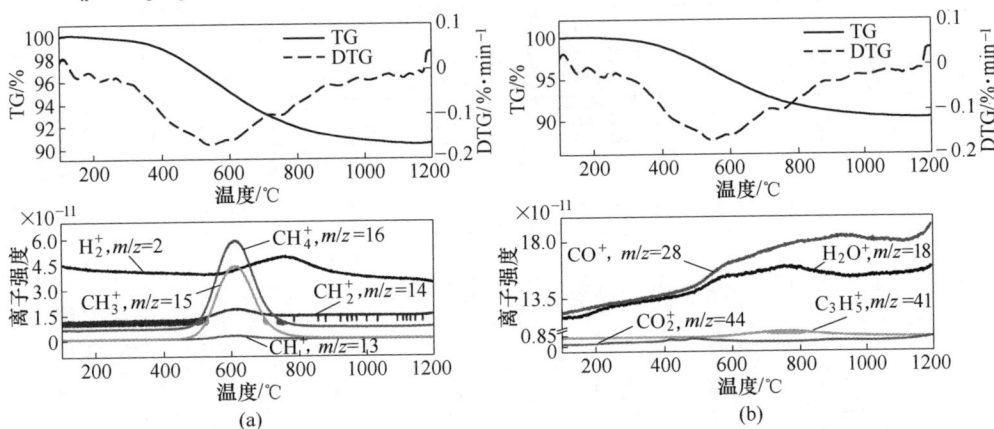

图 3-3 FS 石油焦热分解热解产物的 TG/DTG 曲线及 MS 碎片离子强度

（a）H_2，$m/z = 2$；CH_x，$m/z = 13$、14、15、16；

（b）H_2O，$m/z = 18$；CO，$m/z = 28$；C_3H_5，$m/z = 41$；CO_2，$m/z = 44$

同时，还发现 CO_2 主要出现在 200 ℃ 以上，并持续存在至阶段 III。阶段 I 中的 CO_2 主要来自吸附 CO_2 的析出。阶段 II 中，CO_2 的强宽峰出现在 400~600 ℃ 的温度范围内，这主要是芳香族弱键、含氧羧基官能团断裂的结果[119]。相关研究表明，石油焦整个热解过程还伴有大量 CO 的释放，700 ℃ 前 CO 可能来自脂肪族-脂肪族醚结构或脂肪族-芳香族醚结构的分解，当温度高于 700 ℃ 时，CO 的生成可能主要受 Boudouard 平衡反应的影响[121]。

3.3.3　IPR 动力学计算

对于 FS、FY、WH、ZH、QL 和 SJZ 等 6 种石油焦样品，采用 3-独立平行反应模型（3-IPR 模型），成功拟合获得动力学参数（活化能和指前因子）、各伪组分的含量及反应级数，见表 3-2。图 3-4 给出了以 10 ℃/min 为例的 FS、FY、WH、ZH、QL 和 SJZ 等 6 种石油焦的 $d\alpha/dT$ 实验和计算结果对比。由图可知，3-IPR 模型计算出的 $d\alpha/dT$ 曲线基本与实验结果吻合，当然还存在一定偏差，拟合质量参数 Fit(%) 小于 4.6%，属于可接受的范围。由表 3-2 可知，不同焦种的动力学参数相差不大。对于伪组分 1，FS、FY、WH、ZH、QL 和 SJZ 的活化能取值 92.36 kJ/mol、86.40 kJ/mol、87.96 kJ/mol、91.97 kJ/mol、91.88 kJ/mol 和 92.74 kJ/mol。对于伪组分 2 和 3，6 种石油焦的活化能取值范围分别为 66.20~73.52 kJ/mol 和 105.82~118.20 kJ/mol。各伪组分的反应级数也有所差别，伪组分 1 和伪组分 2 的反应级数 n 为 1.40~1.92，伪组分 3 的反应级数 n 为 3.26~3.72。

表 3-2　采用 3-IPR 模型计算获得的不同石油焦的动力学参数

参数		FS	FY	WH	ZH	QL	SJZ
伪组分 1	$\ln(k_1/s^{-1})$	7.00	7.00	7.00	7.00	7.00	7.00
	$E_1/kJ \cdot mol^{-1}$	92.36	86.40	87.96	91.97	91.88	92.74
	n_1	1.66	1.53	1.40	1.51	1.45	1.44
	c_1	0.41	0.34	0.37	0.42	0.42	0.42
伪组分 2	$\ln(k_2/s^{-1})$	7.00	7.00	7.00	7.00	7.00	7.00
	$E_2/kJ \cdot mol^{-1}$	73.52	66.30	66.20	67.66	67.89	67.81
	n_2	1.66	1.81	1.65	1.92	1.72	1.76
	c_2	0.23	0.19	0.17	0.21	0.21	0.19
伪组分 3	$\ln(k_3/s^{-1})$	6.53	7.00	7.00	7.00	7.00	7.00
	$E_3/kJ \cdot mol^{-1}$	111.15	105.82	107.82	115.28	115.77	118.20
	n_3	3.26	3.72	3.31	3.55	3.47	3.26
	c_3	0.36	0.47	0.45	0.37	0.37	0.38

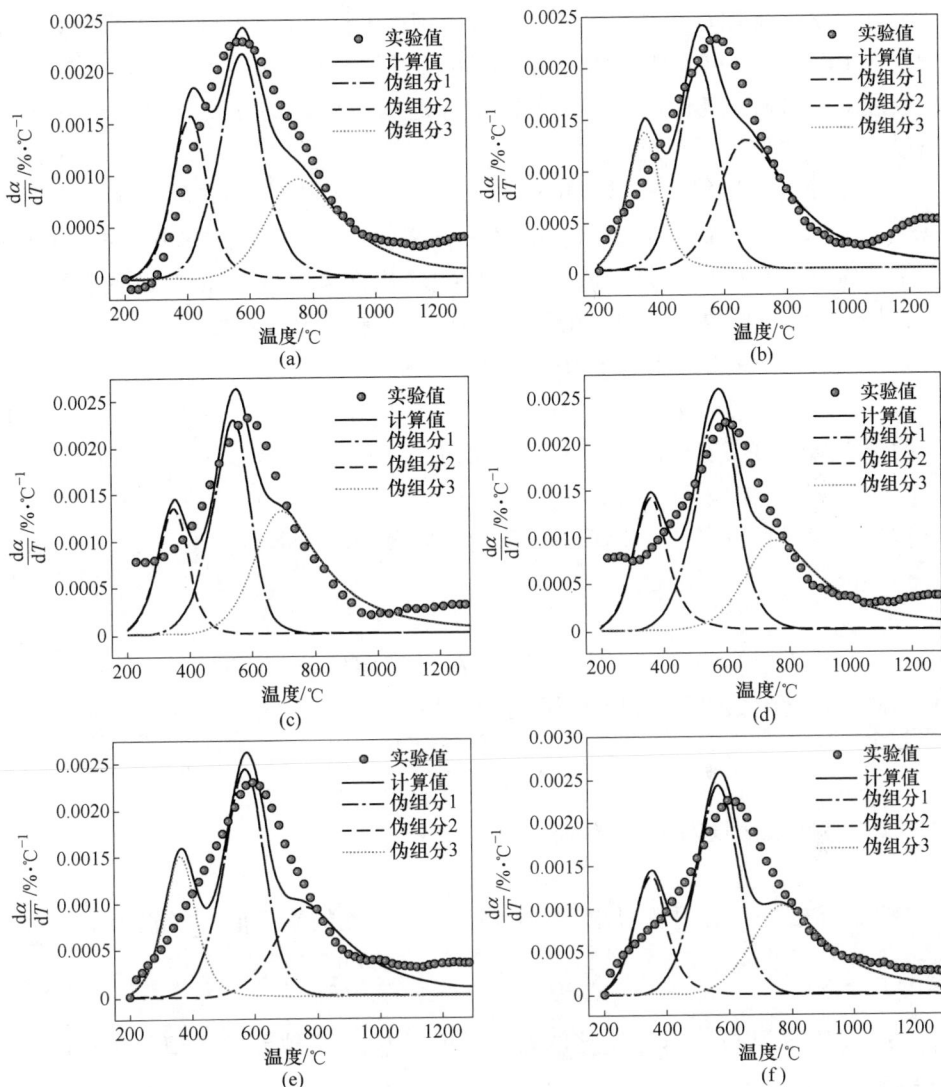

图 3-4　通过 3-IPR 模型得出的实验和计算结果（10 ℃/min）
(a) FS；(b) FY；(c) WH；(d) ZH；(e) QL；(f) SJZ

3.4　基于 BPNN 模型的热解预测

3.4.1　BP 神经网络-热解动力学模型

BP 神经网络是一种典型的多层前馈型的人工神经网络。从结构上，它是由输入、隐含和输出层构成且各层内均有节点，相邻节点之间由权值连接，但各层内的节点之间相互独立。其作用过程主要包含信息的前向传递、误差的后向传播、循环记忆训练和学习结果判别 4 部分。理论上已经证明，具有单隐含层或双隐含层的 BP 神经网络就能以任意精度逼近任意的非线性函数。在实际应用中单隐含层或双隐含层的 BP 神经网络就能很好地满足计算的需要[122-124]。BP 神经网络模型的主要数学运算过程如下：

（1）确定神经网络各参数。Input = $[x_1, x_2, \cdots, x_a]^T$, Output = $[y_1, y_2, \cdots, y_c]^T$, Expect = $[d_1, d_2, \cdots, d_c]$, Hidden = $[h_1, h_2, \cdots, h_b]^T$（其中 Input 为输入向量，Output 为输出向量，Expect 为期望输出向量，Hidden 为隐藏层输出向量，a 为输入层节点数，b 为隐藏层节点数，c 为输出层节点数）。

则输入层与隐藏层连接的权值 W_j 初始化为：

$$W_j = [w_{1j}, w_{2j}, \cdots w_{aj}]^T \quad j = 1, 2, 3, \cdots, b \tag{3-11}$$

隐藏层与输出层连接的权值 V_l 初始化为：

$$V_l = [v_{1l}, v_{2l}, \cdots v_{bl}]^T \quad l = 1, 2, 3, \cdots, c \tag{3-12}$$

（2）信息的前向传递。计算输入层对各隐藏层的激活值：

$$\varphi_j = \sum_{i=1}^{a} w_{ij}x_i + \theta_1 \quad j = 1, 2, 3, \cdots, b \tag{3-13}$$

式中，w_{ij} 为输入层与隐藏层连接的权值；θ_1 为隐藏层单元的阈值。

隐藏层激励函数采用 tanh( ) 函数：

$$f_1(x) = \frac{e^x - e^{-x}}{e^x + e^{-x}} \tag{3-14}$$

计算第 j 个隐藏层对下一层的输出值：

$$h_j = f(\varphi_j) \tag{3-15}$$

参照隐藏层的计算过程可求第 l 个输出层神经元的激活值 φ_l 及输出值 y_l：

$$\varphi_l = \sum_{k=1}^{b} w_{kl}h_k + \theta_3, \, y_l = f(\varphi_l) \tag{3-16}$$

式中，w_{kl} 为隐藏层与输出层连接的权值；θ_3 为输出层单元的阈值；$f(\varphi_l)$ 为代表隐藏层的激励函数。

（3）误差的后向传播。基于 PyTorch 开源机器学习库建立 BPNN 模型，并采用 Adam 优化算法更新网络中的权重和阈值，学习率为 0.02。

（4）学习结果判别。为了判别训练后的模型对新数据的预测能力。在数据输入模型前，将数据随机划分为 3 部分，分别为训练集（60%）、验证集（20%）、测试集（20%）。为了评估所建立的 BP 神经网络模型的性能，本书引入了均方误差（MSE）和决定系数（R^2）。MSE 越小，表明所构建的神经网络模型具有更好的精度，R^2 越接近 1 表明数据的拟合效果越好[125]。

$$MSE(y_i) = E(y_i - d_i)^2 = \frac{1}{N}\sum_{i=1}^{N}(y_i - d_i)^2 \tag{3-17}$$

$$R^2 = 1 - \frac{\sum (d_i - y_i)^2}{\sum (d_i - \overline{d_i})^2} \tag{3-18}$$

式中，y_i 为模型预测值；$\overline{d_i}$ 为均值。

本节研究以升温速率、温度，以及 C、H、N、S 的含量等 6 个变量为输入层，热解的实时质量（mass%）作为输出层，建立了基于 BP 神经网络的石油焦热解模型。此外，基于 IPR 模型，应用 BPNN 预测的质量损失数据计算热解活化能。将结果与使用非等温实验数据计算的结果进行了比较，从而评估所开发的 BPNN 模型对各种石油焦原料的适用性和可靠性。本书所采用模型技术路线示意图如图 3-5 所示。

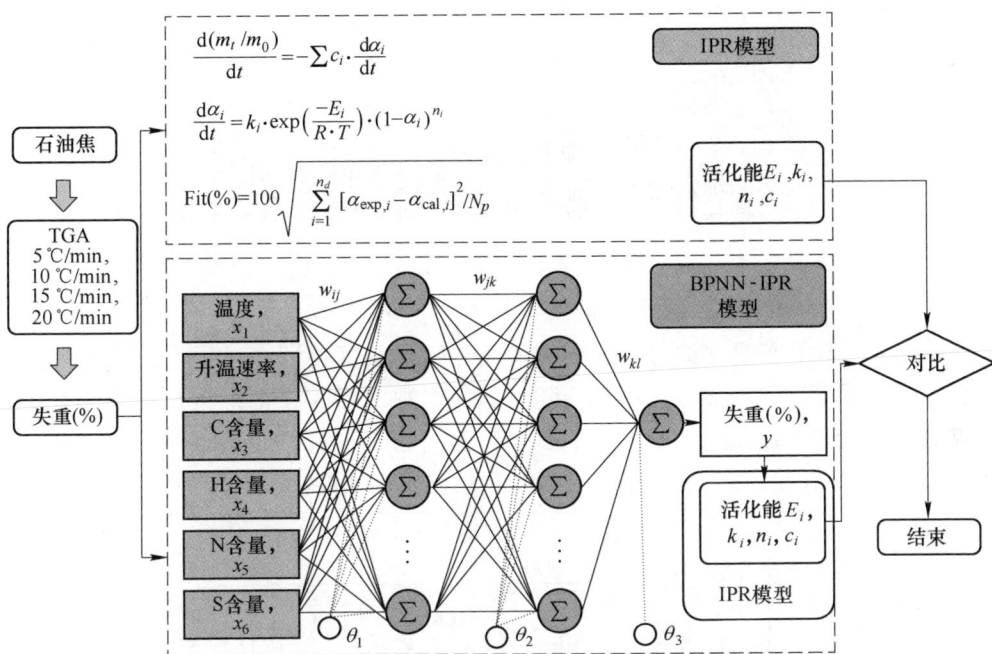

图 3-5 BPNN-IPR 模型技术路线示意图

3.4.2 模型预测分析

本书采用 Tanh-Tanh 组合作为激活函数，建立双隐层 BPNN 模型，基于均方误差 MSE 和决定系数 R^2 考查了隐层节点数和迭代次数对模型性能的影响。图 3-6 给出了所构建的模型在训练学习过程中，不同隐层节点数下测试集均方误差 MSE 的变化情况。由图 3-6 可知，隐层节点数为 25 时，训练集和验证集的 MSE 在所有模型中相对较小，R^2（0.9996）接近 1，表明该网络结构下发生的过拟合程度较小。因此，本书建立的具有双隐层的 BP 神经网络模型的拓扑结构为 6-25-25-1，这意味着输入层有 6 个非线性激活神经元，两个隐层各有 25 个非线性激活神经元，输出层有一个线性神经元。

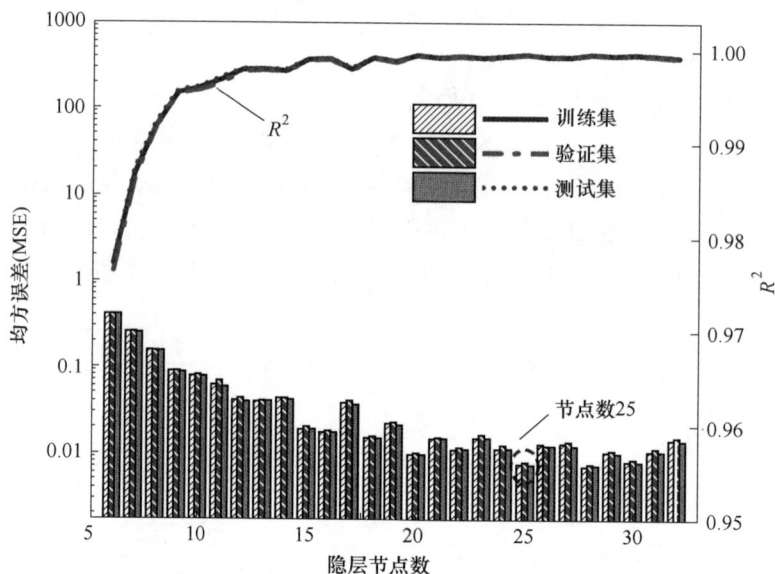

图 3-6   不同隐藏层节点数的 MSE 和 R^2

图 3-7 显示了所建立的 BPNN 模型的简要结构及其在训练过程中，MSE 随迭代次数的变化规律。由图 3-7 可知，随着迭代次数的增大，训练集、验证集和测试集的 MSE 首先急剧减小，在 350~500 次区间趋于平稳，而后迅速下降，并在迭代次数为 3000 时，达到了 MSE = 0.01 的最佳验证性能。

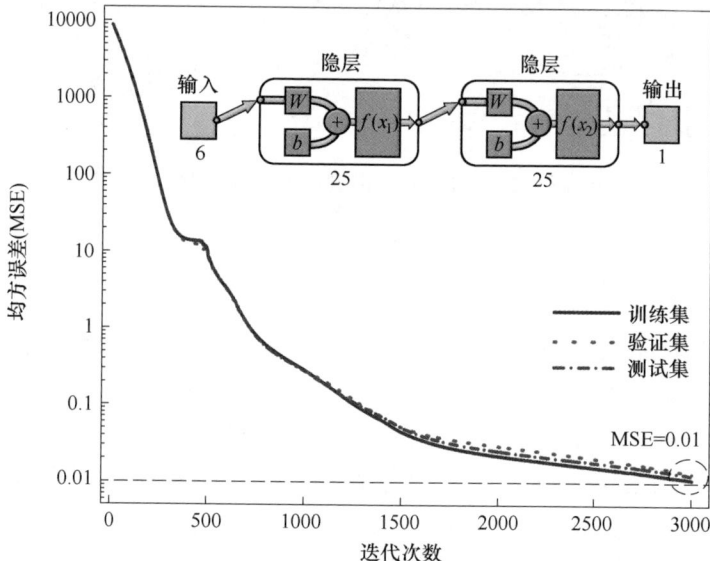

图 3-7   模型训练集、验证集和测试集 MSE 随模型迭代次数的变化情况

图 3-8 所示为 BPNN 模型（6-25-25-1）的训练集、验证集、测试集和总数据集的回归拟合图。由图 3-8 可知，训练集、验证集、测试集和总数据集的回归系数均大于 0.9989，表明模型预测结果与实验结果非常接近。因此，由 BPNN 模型训练的权重和偏差向量可以很好地描述训练样本的石油焦种类、加热速率、温度和质量（mass%）之间的相关性。

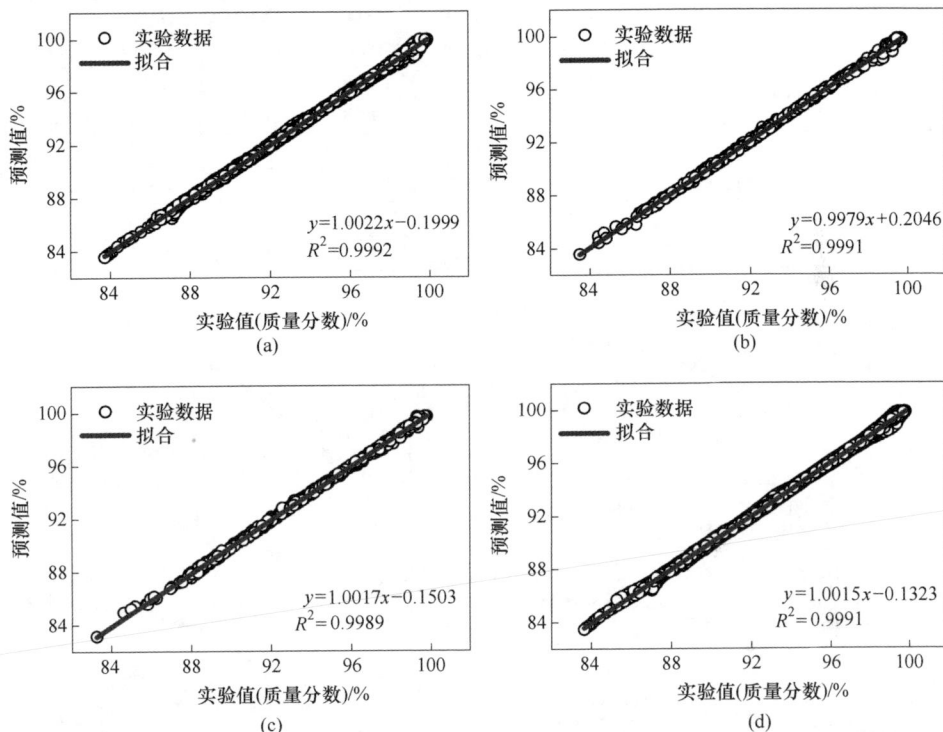

图 3-8 BPNN 模型（6-25-25-1）的训练集、验证集、测试集和总数据集的回归拟合图
（a）训练集；（b）验证集；（c）测试集；（d）总数据集

此外，还讨论了基于 BPNN 模型预测的热重数据在下一步热力学分析中的可靠性。表 3-3 中给出了基于 3-IPR 计算数据，采用 BPNN 模型预测的 6 种石油焦的动力学参数。对比表 3-2 和表 3-3 可知，两种方法获得的活化能均非常接近实验值，相对误差小于 8%。因此，可认为 BPNN 模型与 IPR 模型相结合（BPNN-IPR），预测的热解数据可以有效地预测石油焦整个热解过程的活化能。图 3-8 给出了不同模型预测的热解数据与实验数据比较。如图 3-9 所示，IPR 模型、BPNN 模型和 BPNN-IPR 模型预测的 α 曲线与实验数据非常接近。当然，由于不同模型之间的理论和假设差异，6 种石油焦的实验数据和预测数据略有偏差，但偏差小于 3%，在可接受范围内。因此，BPNN 模型预测的热重数据可替代实验数据，适用于随后的动力学参数计算。

表 3-3　基于 3-IPR 模型计算数据并采用 BPNN 模型预测的 6 种石油焦的动力学参数

伪组分	参数	FS	FY	WH	ZH	QL	SJZ
1	$\ln(k_1/\mathrm{s}^{-1})$	7.00	7.00	7.00	7.00	7.00	7.00
	$E_1/\mathrm{kJ \cdot mol}^{-1}$	90.55	85.27	85.38	92.55	87.77	88.63
	n_1	1.20	1.37	0.65	1.36	1.26	0.70
	c_1	0.35	0.32	0.21	0.37	0.31	0.23
2	$\ln(k_2/\mathrm{s}^{-1})$	7.00	7.00	7.00	7.00	7.00	7.00
	$E_2/\mathrm{kJ \cdot mol}^{-1}$	73.44	63.79	65.16	68.03	65.39	68.72
	n_2	1.26	1.68	1.18	1.76	1.27	1.17
	c_2	0.20	0.15	0.15	0.22	0.16	0.15
3	$\ln(k_3/\mathrm{s}^{-1})$	7.00	7.00	7.00	7.00	7.00	7.00
	$E_3/\mathrm{kJ \cdot mol}^{-1}$	110.71	103.33	101.57	112.85	106.76	106.69
	n_3	3.12	3.58	3.19	3.64	3.63	3.55
	c_3	0.45	0.52	0.64	0.41	0.53	0.62

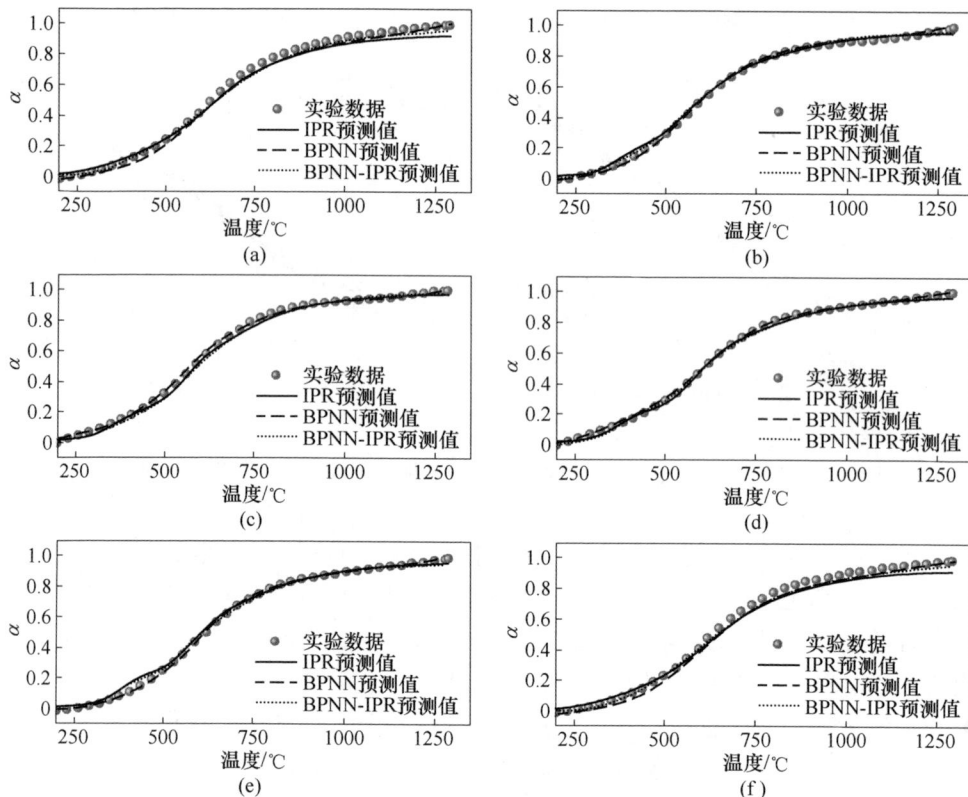

图 3-9　10 ℃/min 加热速率下，不同模型（IPR、BPNN 和 BPNN-IPR）
预测的转化率 α 曲线与实验数据对比
（a）FS；（b）FY；（c）WH；（d）ZH；（e）QL；（f）SJZ

3.5 本 章 小 结

采用非等温热重法对 FS、FY、WH、ZH、QL 和 SJZ 石油焦在 5 ℃/min、10 ℃/min、15 ℃/min 和 20 ℃/min 的升温速率下进行 TG-DSC 分析。结果表明：6 种石油焦的热失重趋势基本相似，不同石油焦的热重峰均具有单一的宽热解峰；热解过程分为 3 个阶段，其中 250~900 ℃ 为主要失重区间，对应于石油焦的脱挥发分过程。利用 TG-MS 联用仪解析了石油焦热解过程中气体产物析出特性。质谱碎片离子强度分析表明，热解产物主要为甲烷 CH_x（m/z = 13、14、15 和 16）和脂肪烃 C_3H_5、H_2、CO、CO_2 和 H_2O。

采用 3-IRP 模型对 6 种石油焦的热解过程进行了模拟。结果表明：6 种石油焦伪组分的动力学参数非常接近，伪组分 1、2 和 3 的活化能分别为 86.40~92.74 kJ/mol、66.20~73.52 kJ/mol 和 105.82~118.20 kJ/mol。伪组分 1 和伪组分 2 的反应阶数 n 为 1.40~1.92；伪组分 3 的反应阶数 n 为 3.26~3.72。

开发了一种网络拓扑为 6-25-25-1 的高效 BNNP 神经网络模型，用于预测石油焦热解动力学数据。在该模型中，以升温速率、温度和 C、H、N、S 含量 6 个变量作为输入层，以实时石油焦质量（mass%）作为输出层。用 Tanh-Tanh 组合作为激活函数。结果表明，模型预测数据与实验数据吻合较好，决定系数 $R^2 > 0.9992$。

4 石油焦堆积料层阻力特性实验及仿真研究

4.1 概　　述

近年来，随着石油焦原料的粉焦比逐年上升，料层空隙率逐渐减小，挥发分气体逸出的阻力随之增加，导致"炉壁结焦""下火放炮"等异常生产现象频繁发生。这些问题不仅影响了生产效率，还对车间环境造成了污染[126]，进而缩短了罐式煅烧炉的使用寿命。针对挥发分难以顺畅逸出这一生产难题，段斌等人[127]指出，通过合理搭配石油焦的粗细料，可以有效改善料层的透气性能。

挥发分气体在料层内的逸出阻力受到颗粒粒度、床层空隙率、迁曲度等多种因素的影响。然而，目前关于这些因素与料层阻力之间的内在联系还缺乏相关的基础研究，这制约了工艺的持续改进。因此，厘清多孔石油焦料层的透气性能对于科学地提升罐式煅烧炉的原料适应性显得尤为重要。

罐式煅烧炉内料罐是一个典型的慢速下降运动颗粒堆积床，其床层结构、颗粒粒径和颗粒形貌均对床层气流流动阻力产生显著影响。然而，当前关于罐式炉内床层阻力特性的相关研究鲜有报道。目前，颗粒填充床研究主要聚焦于使用Ergun方程描述标准球形颗粒料层气体流动阻力[128-130]，并针对该方程的阻力系数进行修正[129, 131]，以提高其准确性和适用性。

对于不同的颗粒体系，需要重新测定气体流动阻力，并据此确定堆积颗粒对应的黏性阻力系数和惯性阻力系数[132]。例如，冯军胜等人[133-134]研究了在不同表观流速和粒径条件下，烧结颗粒填充床内气流的压降特性，重点考察了壁面效应对压降特性的影响，并通过实验数据拟合获得了烧结矿料层流动压降的实验关联式。李含竹等人[135]对前人的量纲分析方法进行了总结，并拟合得到了烧结矿床层阻力特性关系式。

本章首先搭建石油焦颗粒料层压降实验装置，通过压降实验研究床径比、料层高度、颗粒粒度等因素对料层单位压降的影响规律，并结合量纲分析方法，研究并建立料层阻力特性关系式；在此基础上，采用工业用计算机断层成像技术（CT）、计算机图形三维可视化分析及计算流体（CFD）数值仿真技术，探讨挥发分在料层空隙内的迁移路径，为解决"炉底下火放炮"等生产异常提供理论依据和技术支撑。

4.2 堆积料层阻力特性实验研究

4.2.1 料层阻力特性常用公式

气体通过颗粒堆积床层的流动阻力一般采用 Forchheimer 方程[136]计算。

$$\frac{\Delta p}{L u_{\mathrm{g}}} = \frac{\mu}{K} + \frac{\rho_{\mathrm{g}} F}{\sqrt{K}} u_{\mathrm{g}} \tag{4-1}$$

式中，K 为渗透系数，与黏性阻力相关，m^2；F 为 Forchheimer 系数，也称作惯性拖曳系数，与惯性阻力相关；Δp 为气体通过料层的压差，Pa；L 为料层测压点的距离，m；u_{g} 为气体的表观速度，m/s；ρ_{g} 为气体密度，kg/m^3；μ 为动力黏度，Pa·s。

1952 年，Ergun[137]结合前人对于填充床阻力关系式研究拓展了毛细血管模型，提出了著名的 Ergun 公式。Ergun 在研究过程中提出一个主要假设，即流体流过料层时，所有的能量损失是黏性损失和动能损失之和。

$$\frac{\Delta p}{L} = A \frac{\mu (1 - \varepsilon)^2}{\varepsilon^3 d_{\mathrm{p}}^2} u + B \frac{\rho (1 - \varepsilon)}{\varepsilon^3 d_{\mathrm{p}}} u^2 \tag{4-2}$$

式中，ε 为床层空隙率；u 为流体表观速度，m/s；d_{p} 为颗粒平均直径；A 为黏性项系数；B 为惯性项系数。Ergun 经过实验得到 $A = 150$，$B = 1.75$。

为了方便比较，Ergun 定义了两个摩擦因子：

$$f_k = \frac{\Delta p}{L} \frac{d_{\mathrm{p}}}{\rho u^2} \frac{\varepsilon^3}{1 - \varepsilon} \tag{4-3}$$

$$f_v = \frac{\Delta p}{L} \frac{d_{\mathrm{p}}^2}{\rho u} \frac{\varepsilon^3}{(1 - \varepsilon)^2} \tag{4-4}$$

式中，f_k 为总压降与动力损失项之比；f_v 为总压降与黏性阻力项之比。两者均称作无量纲阻力因子。

联合式（4-2）~式（4-4），可简化为：

$$f_k = \frac{A}{Re_{\mathrm{m}}} + B \tag{4-5}$$

$$f_v = A + B Re_{\mathrm{m}} \tag{4-6}$$

式中，Re_{m} 为修正的粒子雷诺数，其表达式为：

$$Re_{\mathrm{m}} = \frac{Re_{\mathrm{p}}}{1 - \varepsilon} = \frac{\rho u d_{\mathrm{p}}}{\mu (1 - \varepsilon)} \tag{4-7}$$

考虑到壁效应的影响，引入了壁效应修正系数。

$$M = 1 + \frac{2d_p}{3D(1 - \varepsilon)} \tag{4-8}$$

式中，M 为壁效应的修正系数；D 为床层的内径。

基于此，式（4-6）可以改写为：

$$f_w = A_w + B_w Re_w \tag{4-9}$$

f_w 和 Re_w 可以分别写成如下形式：

$$f_w = \frac{f_v}{M^2} \tag{4-10}$$

$$Re_w = \frac{Re_m}{M} \tag{4-11}$$

标准 Ergun 公式只能准确预测球形颗粒填充床的流动阻力特性。由于石油焦颗粒形状极不规则，需结合实验数据采用式（4-6）重新拟合石油焦料层的黏性阻力系数和惯性阻力系数。

4.2.2　料层阻力特性量纲分析

石油焦热解过程中，挥发分气体穿过石油焦料层向外逸出，生焦中挥发分和水分含量小于 20%，罐式炉单罐单位排料量约为 100 kg/h，常见的 24 罐罐式炉料罐横截面积为 0.36 m×1.66 m[138]，料层温度假定为 1100 ℃，此时气体密度约为 0.28 kg/m³，可粗略估算料层气体流速，如下所示：

$$u = \frac{Q}{S} = \frac{M_g/\rho_g}{S} \approx \frac{100 \times 20\%/0.28}{0.36 \times 1.66}/3600 \approx 0.033 \text{ m/s} \tag{4-12}$$

式中，M_g 为挥发分气体单位产生量，kg/h；S 为横截面积，m²。

本书选用的气体流速区间以式（4-12）为参考值。

本章选用 Ⅱ 定理进行量纲分析研究石油焦堆积床层流动阻力特性。石油焦煅烧过程中，料层单位压降值 $\Delta p/L$ 受料罐内径 D、料层空隙率 ε、气体密度 ρ_g、气体动力黏度 μ_g、气体表观流速 u_g、颗粒当量直径 d_p 和其他因子（$1-\varepsilon$）等物理量影响，见表 4-1。

表 4-1　各参数量纲单位

变量	$\Delta p/L$	ε	ρ_g	μ_g	u_g	d_p	$1-\varepsilon$	D
质量 M	1	0	1	1	0	0	0	0
长度 L	-2	0	-3	-1	1	1	0	1
时间 T	-2	0	0	-1	-1	0	0	0

根据量纲一致性的原则和 Ⅱ 定理确定单位压降 $\Delta p/L$ 与各无量纲数的函数关系，得出式（4-13）所示关系式：

$$f(\Delta p/L, \ \varepsilon, \ \rho_g, \ \mu_g, \ u_g, \ d_p, \ 1-\varepsilon, \ D) = 0 \tag{4-13}$$

研究涉及 8 个变量，这些物理量包括 3 个基本量纲（质量 M、长度 L 和时间 T），故选取流体密度 ρ_g、气体表观流速 u_g 和颗粒当量直径 d_p 为重复变量，依照因次分析法来构造一组因次为 1 的无量纲群数，即：

$$\pi_1 = \rho_g^{a_1} u_g^{\beta_1} d_p^{\gamma_1} \Delta p/L$$
$$\pi_2 = \rho_g^{a_2} u_g^{\beta_2} d_p^{\gamma_2} \varepsilon$$
$$\pi_3 = \rho_g^{a_3} u_g^{\beta_3} d_p^{\gamma_3} \mu_g$$
$$\pi_4 = \rho_g^{a_4} u_g^{\beta_4} d_p^{\gamma_4}(1-\varepsilon)$$
$$\pi_5 = \rho_g^{a_5} u_g^{\beta_5} d_p^{\gamma_5} D \tag{4-14}$$

求解各个因次关系式可得：

$$\pi_1 = \frac{\Delta p}{L} \cdot \frac{d_p}{\rho_g u_g^2}$$
$$\pi_2 = \varepsilon$$
$$\pi_3 = \frac{\rho_g u_g d_p}{\mu_g}$$
$$\pi_4 = 1-\varepsilon$$
$$\pi_5 = D/d_p \tag{4-15}$$

整理可得：

$$f\left(\frac{\Delta p}{L} \cdot \frac{d_p}{\rho_g u_g^2}, \ \varepsilon, \ \frac{\rho_g u_g d_p}{\mu_g}, \ 1-\varepsilon, \ D/d_p\right) = 0 \tag{4-16}$$

式中，颗粒填充床内的流动阻力特性通过颗粒摩擦因子 $f_p = \frac{\Delta p}{L} \cdot \frac{d_p}{\rho_g u_g^2}$ 描述，雷诺数 $Re_p = \rho_g u_g d_p/\mu_g$，可将式（4-16）进一步转化为：

$$f_p = f(\varepsilon, \ Re_p, \ 1-\varepsilon, \ D/d_p) \tag{4-17}$$

式中，f_p 为颗粒摩擦因子；$\Delta p/L$ 为单位床层高度压力降，Pa/m；ρ_g 为气体密度，kg/m³；d_p 为颗粒当量直径，m；u_g 为气体表观流速，m/s。

可得，料罐堆积床层内颗粒摩擦因子的实验关联式：

$$f_p = \alpha \cdot (\varepsilon)^\beta \cdot (1-\varepsilon)^\gamma \ (Re_p)^\delta \ (D/d_p)^\zeta \tag{4-18}$$

式中，ε 为床层空隙率；Re_p 为颗粒雷诺数；α、β、γ、δ 和 ζ 为实验常数。

4.3　原料和检测方法

4.3.1　原料粒度分布

本书使用的石油焦来源于某炭素厂。图 4-1～图 4-3 给出了不同种类及来源的石油焦原料粒度分布。如图4-1所示，石油焦原料分别经3目（8.00 mm）、6目（3.20 mm）、10目（2.00 mm）、12目（1.60 mm）、16目（1.25 mm）和18目（1.00 mm）的标准筛筛分获得其粒度分布，大于8.00 mm（3目以上）的石油焦占比为31.7%，小于1.00 mm（18目以下）的占比44.3%，1.00~8.00 mm（3~18目）的占比24%。由图4-1~图4-3可知，不同来源石油焦原料粒径分布差异较大，<1.00 mm的粒度占比为20%~45%。

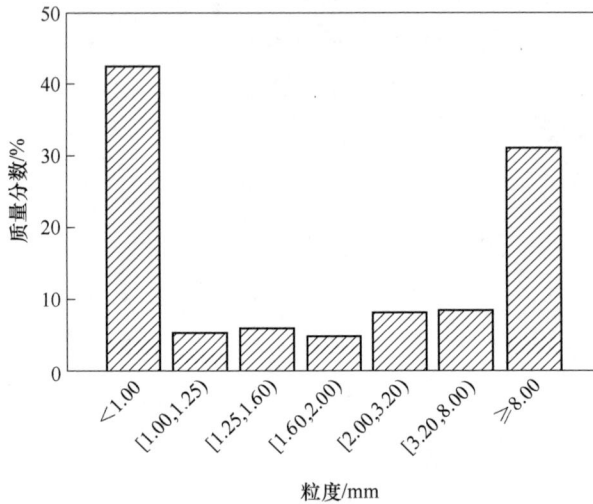

图4-1　生焦1的粒度分布

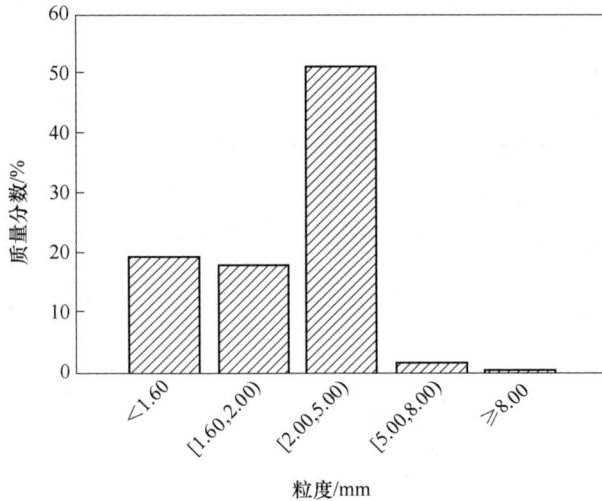

图4-2　生焦2的粒度分布

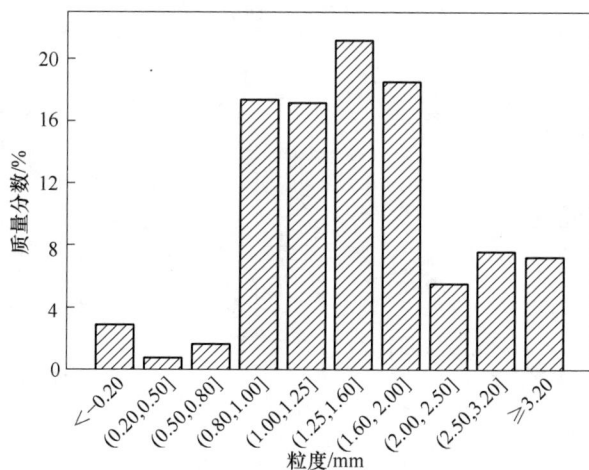

图 4-3　锻后石油焦 3 的粒度分布

4.3.2　堆积密度、空隙率及等效粒径

利用称重法测量石油焦的堆积密度，如式（4-19）所示：

$$\rho = \frac{m_1 - m_2}{V} \tag{4-19}$$

式中，ρ 为石油焦的堆积密度；m_1 为石油焦和量筒的总质量；m_2 为实验量筒的质量；V 为量筒所示的石油焦堆积床体积。

采用等体积球当量粒径表征石油焦的粒径：

$$d_p = \sqrt[3]{6m_p/(\pi\rho_a)} \tag{4-20}$$

式中，d_p 为等效粒径；m_p 为颗粒百粒重；ρ_a 为表观密度，使用排水法计算石油焦的表观密度。

采用水置换法[139]测量石油焦堆积床层的空隙率 ε。测量步骤为：将石油焦颗粒装入 100 mL 量筒中，使料层上表面平整且与 100 mL 刻度线平齐，称量其质量 m_3；然后向量筒内分多次注水至恰好完全淹没全部颗粒，称量其质量 m_4；则石油焦堆积料层的孔隙率可用式（4-21）计算：

$$\varepsilon = \frac{m_4 - m_3}{100 \times 10^{-6} \times \rho_{water}} \tag{4-21}$$

石油焦原料的基础物性测量数据如图 4-4 所示。通过百粒重和量筒法计算了石油焦颗粒等效粒径，结果表明等效粒径约为筛分粒度中值的 1.17 倍。随着颗粒粒径的增加，石油焦堆积密度逐渐下降，床层空隙率逐渐增加，空隙率拟合式如下所示：

$$\varepsilon = 0.528 \times (100d_{\mathrm{p}})^{0.1} \tag{4-22}$$

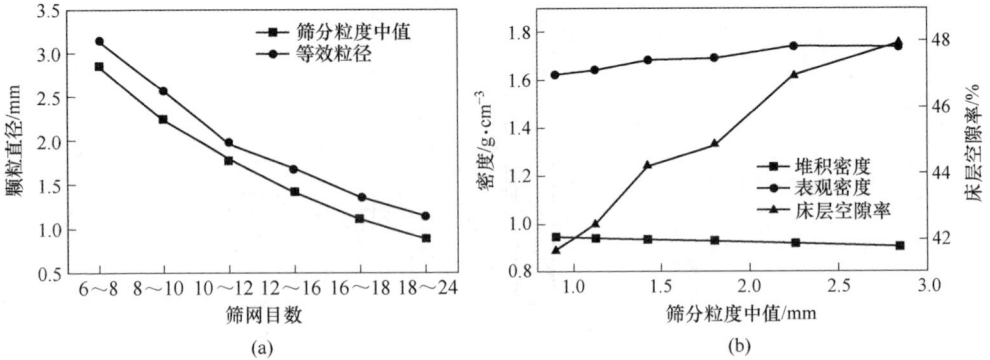

图 4-4　石油焦基础物性

（a）粒径；（b）密度与空隙率

4.4　料层压降实验装置

石油焦颗粒堆积床层气体流动阻力实验装置示意图如图 4-5 所示。实验装置主要包括以下设备：99.9% N_2 压缩气体作为气源，配备氮气减压器（上海减压器厂 YQD-1 0.6×25 MPa）以调节出口气体压力；玻璃转子流量计（常州双环 LZB-3WB、LZB-10WB，精确度 2.5 级），用于调节实验过程所需气体流量。使用

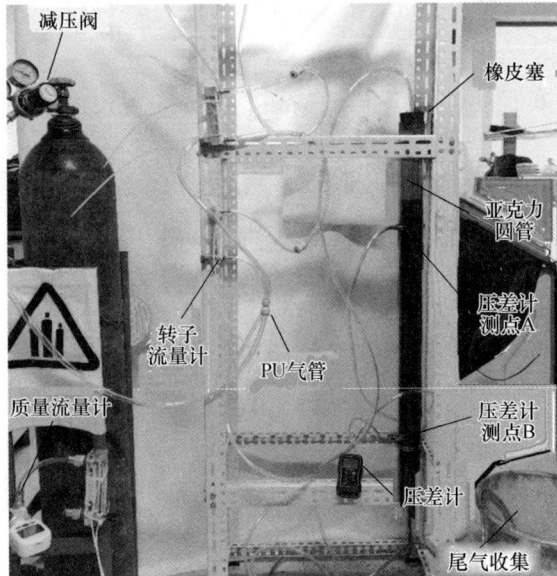

（a）

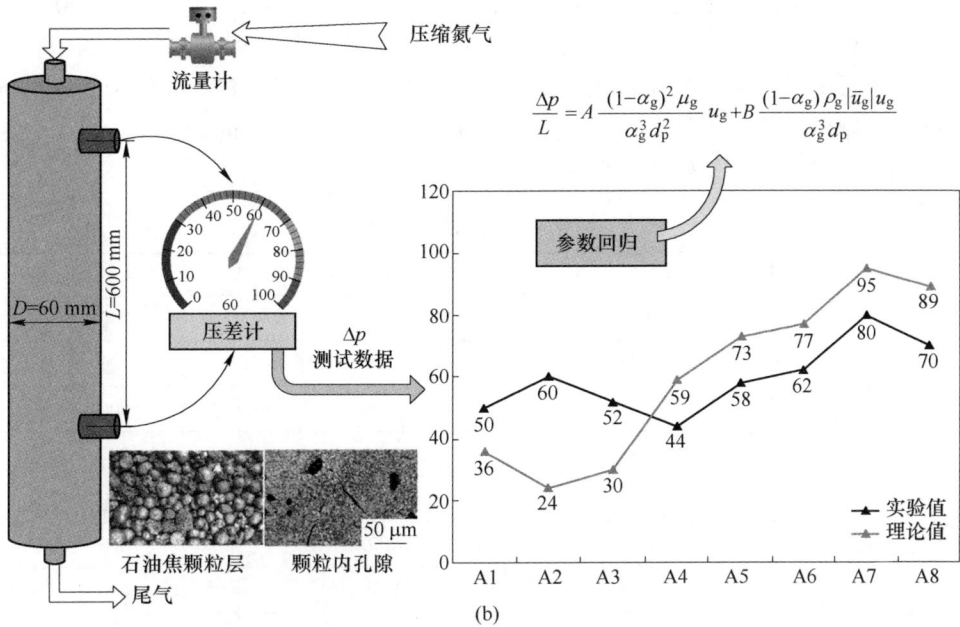

$$\frac{\Delta p}{L} = A\,\frac{(1-\alpha_{\mathrm g})^2\,\mu_{\mathrm g}}{\alpha_{\mathrm g}^3\,d_{\mathrm p}^2}\,u_{\mathrm g} + B\,\frac{(1-\alpha_{\mathrm g})\,\rho_{\mathrm g}\,|\bar u_{\mathrm g}|\,u_{\mathrm g}}{\alpha_{\mathrm g}^3\,d_{\mathrm p}}$$

图 4-5　石油焦颗粒堆积料层阻力特性实验装置示意图

（a）实验装置实物图；（b）实验原理示意图

6 mm PU 管作为气体输送管道，确保气体从气瓶到实验罐体的稳定传输。实验料管选用高度为 1.0 m，不同管径（30~70 mm）的亚克力空心圆管，以模拟不同尺寸的石油焦堆积料层。在亚克力圆管上间隔 600 mm 开孔并通过橡皮管连接压差表（上海亿欧 DP1000-ⅢB，精确度 1.0 级）测量不同实验条件下两端压差值。采用分段测压方式，0~1000 Pa 和 1000~3000 Pa 分别采用 0~1000 Pa、0~3000 Pa 的压差表，以提高测量的准确性。

　　实验在常温常压的环境下进行，通过调节氮气减压器来控制流入实验罐体的气体压力，并通过转子流量计调节气体流量。实验过程中，实时监测并记录不同实验条件下压差表所示的两端压差值。每组实验重复 3 次，以排除偶然性误差。

4.5　煅后石油焦堆积料层阻力影响因素分析

4.5.1　实验条件

　　本节主要考察不同料层高度、料罐内径、颗粒粒径、气体流速对石油焦堆积料层压降的影响规律。其中，料层高度影响分析是通过在圆管侧面开间隔为 200 mm、400 mm、600 mm 的圆孔，并通过接头连接压差表以测定不同高度下料层气体压差。料罐内径变化分析是通过测量不同管径下（内径 D 分别为 30 mm、40 mm、50 mm、60 mm 和 70 mm，高度为 1.0 m 的 5 个亚克力圆管）堆积料层内的气体压差来实现。颗粒粒径及气体流速分析是通过内径 70 mm 的圆管，填充不同颗粒粒径石油焦原料，研究粒径、气体流量（0~15 L/min）对石油焦料层阻力 $\Delta p/L$ 的影响。具体实验条件见表 4-2。

表 4-2　实验条件

因　素	颗粒粒径/mm	圆管内径/mm	料层高度/mm
料层高度	1.98	70	200
	1.98	70	400
	1.98	70	600
	3.13	70	200
	3.13	70	400
	3.13	70	600
床径比	1.98	30	600
	1.98	40	600
	1.98	50	600
	1.98	60	600
	1.98	70	600
	3.13	30	600
	3.13	40	600
	3.13	50	600
	3.13	60	600
	3.13	70	600
颗粒粒径	1.14	70	600
	1.37	70	600
	1.68	70	600
	1.98	70	600
	2.57	70	600
	3.13	70	600

4.5.2　壁面效应

为考察壁面效应对单位压降的影响规律，探讨了不同料罐直径（$D=30$ mm、40 mm、50 mm、60 mm、70 mm）对单位压降的变化规律。图 4-6 所示为两种粒度（$d_p = 1.98$ mm、3.13 mm）煅后石油焦原料在不同管径条件下压降与气体流速的关系曲线。由图 4-6（a）可知，当管径 $D \geq 40$ mm 时单位压降无显著变化，此时床径比 $D/d_p = 20$。由图 4-6（b）可知，当管径 $D \geq 60$ mm 时单位压降无显著变化，此时床径比 $D/d_p = 19$；由此可知，当床径比 $D/d_p \geq 20$ 时，可忽略壁面效应对料层单位压降的影响。因此，后续研究中选定亚克力圆管管径为 70 mm，无量纲式（4-22）可简化为：

$$f_p = \alpha \cdot (\varepsilon)^\beta \cdot (1 - \varepsilon)^\gamma (Re_p)^\delta \qquad (4-23)$$

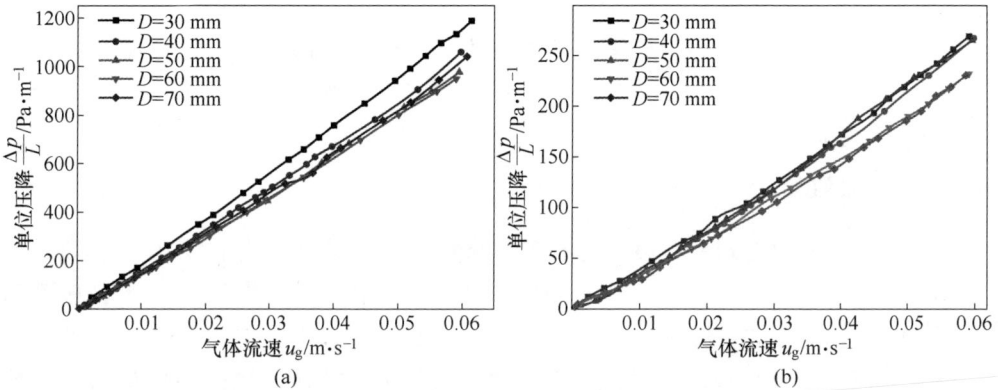

图 4-6　不同管径下料层压降随气体流速变化曲线

（a）$d_p = 1.98$ mm；（b）$d_p = 3.13$ mm

4.5.3　料层高度

实际生产过程中，随着料层高度的增加，上部料层对下部料层产生挤压，可能导致细小石油焦颗粒沉降，影响整个堆积床层空隙率的分布，进而影响罐内挥发分气体析出通道的结构及形貌，对其逸出过程造成一定的影响。图 4-7 所示为颗粒粒度分别为 1.98 mm 和 3.13 mm 的石油焦原料在不同料层高度（$L = 200$ mm、400 mm、600 mm）的圆管内的单位压降。由图 4-7 可知，当气体的表观流速不变时，石油焦颗粒越大，料层间压力损失越小。这是由于颗粒粒度的增大导致的平均空隙率增大，使供气体流动的孔道更加直通，从而减小了气体的惯性阻力损失和黏性阻力损失，使气体在料层内阻力损失减小。

此外还发现，料层高度 L 对料层单位压降影响不大，数据偏差主要来源于气体流速小于 0.03 m/s 的区域，此时单位压降小于 100 Pa/m，误差来源于压差表的检测精度，后续研究可忽略该因素的影响。因此，综合考虑仪表精度和料层高度原料用量，后续研究料层高度选定为 600 mm 以尽量减小误差。

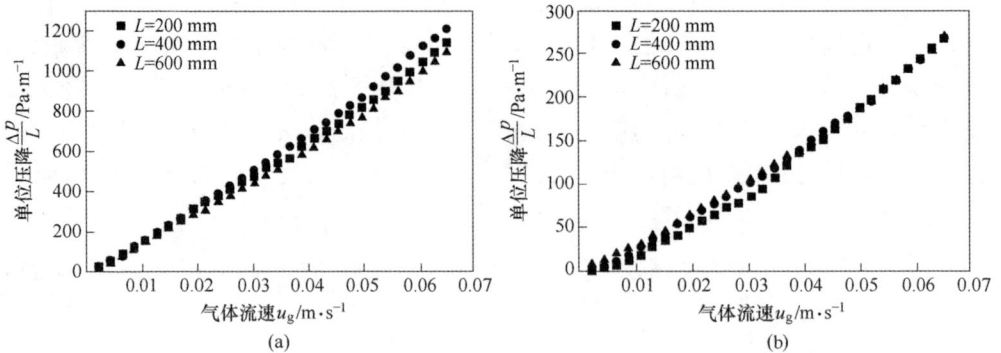

图 4-7　料层高度与单位压降的关系曲线

（a）$d_p = 1.98$ mm；（b）$d_p = 3.13$ mm

4.5.4　颗粒粒度

图 4-8 所示为不同颗粒粒径的石油焦条件下，气体流速对料层阻力的影响关系曲线。由图 4-8 可知，不同粒度条件下，单位压降 $\Delta p/L$ 均随着气体表观流速 u_g 的增加而增大。参照 Ergun 公式可知，气体流速较低时，与速度成一次关系的黏性阻力占主导地位；当气体流速较高时，与速度成二次关系的惯性阻力会逐渐起主要作用，导致 $\Delta p/L$ 的增长趋势加快。根据式（4-23）计算雷诺数，结果表明在给定实验条件下最大雷诺数为 14.3。当雷诺数 $Re < 10$ 时，流动属低速定常层流状态，流动符合达西流动特征，黏滞力起主导作用；当雷诺数 $10 < Re < 100$ 时，属过渡区，此时黏性力、惯性力同时作用。因此，在给定的实验条件下，流速与单位压降呈线性关系。

$$Re_{p,\,max} = \frac{\rho_g u_{g,\,max} d_{p,\,max}}{\mu_g} = \frac{1.25 \times 0.065 \times 0.003}{1.7 \times 10^{-5}} = 14.3 \qquad (4\text{-}24)$$

在相同的气体表观流速下，单位压降随着粒度增加而减小，这是因为随着颗粒粒度的减小，颗粒更加紧密地堆积在一起，导致填充床空隙率减小，气体通道减小或更为曲折复杂，进而使料层单位压降增大。

4.5.5　气体表观流速

选用等效粒径分别为 3.13 mm、2.57 mm、1.98 mm、1.62 mm、1.37 mm 和 1.14 mm 的石油焦原料，探讨气体表观流速对不同粒径的石油焦填充床内料层阻力的影响。图 4-9 所示为不同气体表观流速下单位压降随石油焦等效粒径的关系曲线。由图 4-9 可知，在气体表观流速一致的条件下，d_p 越大，$\Delta p/L$ 越小。这是因为颗粒粒径越大，床层空隙率也越大，使得气体在床层内的流动阻力减小。

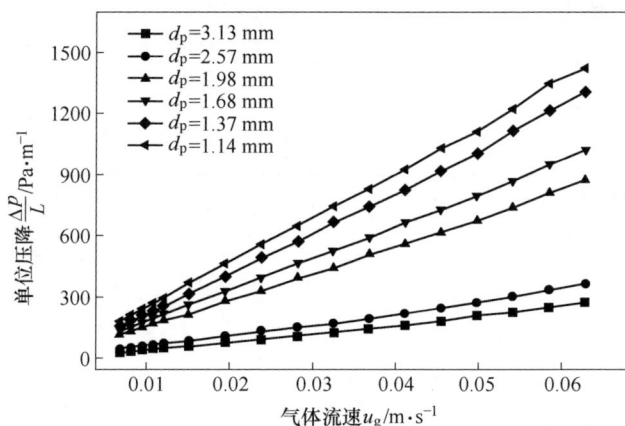

图 4-8 不同粒径条件下单位料层随气体表观流速变化曲线

在相同颗粒粒度条件下，气体表观流速越大，经过石油焦堆积层的单位压降就越大，床层阻力就越大，这是因为高气体表观流速下，气体流经颗粒表面的惯性阻力逐渐占据主导，使得石油焦填充床层阻力增大。

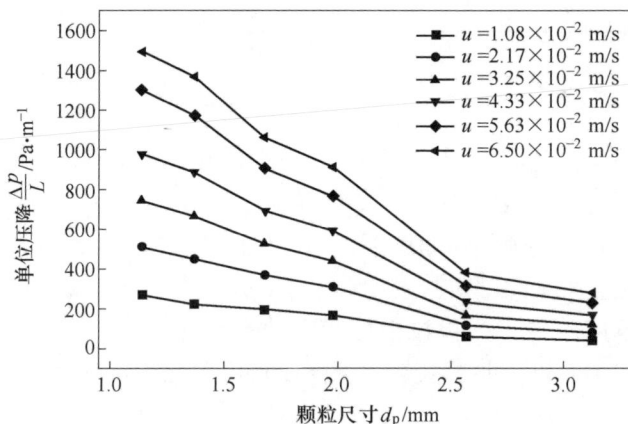

图 4-9 不同表观气体速度下单位压降与颗粒粒径的关系曲线

4.6 生焦堆积料层阻力影响因素分析

4.6.1 实验条件

考察不同颗粒粒径、气体表观流速对生焦堆积料层压降的影响规律。对于含水率条件实验，首先选取 1.00~1.25 mm（16~18 目）的生焦原料，经干燥箱 105 ℃ 干燥 24 h，干燥后原料含水率即为 0；为了制备含水率为 1%~5% 的生焦原料，首先称取干燥的生焦，并计算达到所需含水率所需添加的水分质量，然后用喷壶将计算好的水量均匀喷洒在平铺于方形托盘的生焦表面，并充分混合。具体实验条件见表 4-3。

表 4-3　实验条件

因素	等效粒径 /mm	含水率/%	气体流量 /L·min^{-1}	圆管内径 /mm	料层高度 /mm
颗粒粒径	3.340	1.8	0~15	70	600
	2.726	1.8	0~15	70	600
	2.197	1.8	0~15	70	600
	1.786	1.8	0~15	70	600
	1.459	1.8	0~15	70	600
含水率	1.459	0	0~3	70	600
	1.459	1	0~3	70	600
	1.459	2	0~3	70	600
	1.459	3	0~3	70	600
	1.459	5	0~3	70	600

4.6.2　颗粒粒度

图 4-10 所示为不同粒径生焦及气体表观流速对料层阻力的影响关系曲线。由图 4-10 可知，不同粒度条件下，单位压降 $\Delta p/L$ 均随着气体表观流速 u_g 的增加而增大。在相同的表观气体速度下，单位压降随着粒度增加而减小，最大值为 313 Pa/m。与图 4-8 对比可知，生焦料层单位压降仅为煅后石油焦的 25%。这是因为随着颗粒粒度的减小，颗粒更加紧密地堆积在一起，导致填充床空隙率减小，气体通道减小或更为曲折复杂，进而使料层单位压降增大。

4.6.3　气体表观流速

选用等效粒径分别为 3.34 mm、2.73 mm、2.20 mm、1.79 mm 和 1.46 mm 的石油焦原料，探讨气体表观流速对不同粒径的石油焦填充床内料层阻力的影响。图 4-11 所示为不同气体表观流速下单位压降随石油焦等效粒径的关系曲线。由图 4-11 可知，在气体表观流速一致的条件下，d_p 越大，$\Delta p/L$ 越小。这是因为颗粒粒径越大，床层空隙率也越大，气体在床层内的流动阻力减小。在相同颗粒粒度条件下，气体表观流速越大，经过石油焦堆积层的单位压降就越大，床层阻力就越大，这是因为高气体表观流速下，气体流经颗粒表面的惯性阻力逐渐占据主导，使得石油焦填充床层阻力增大。

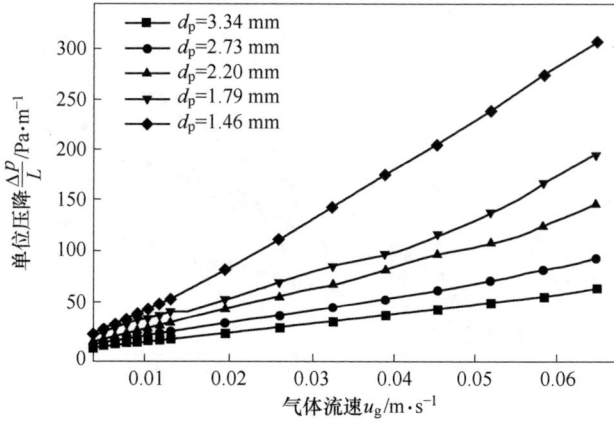

图 4-10　不同粒径条件下生焦料层随气体表观流速变化曲线

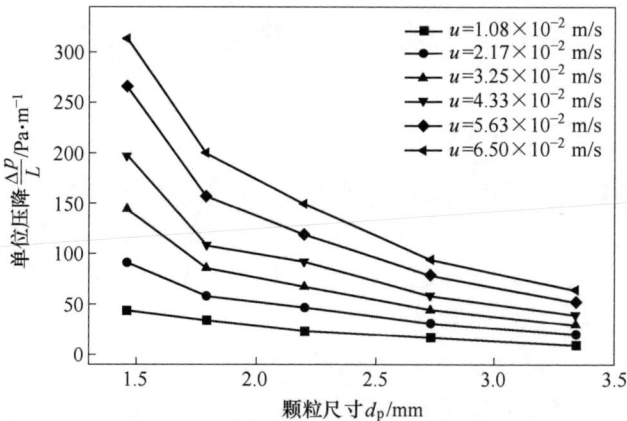

图 4-11　不同气体表观速度下单位压降与颗粒粒径的关系曲线

4.6.4　颗粒含水率

选用含水率分别为 0、1%、2%、3%、5%的生焦原料，探讨不同含水率对生焦料层阻力的影响规律。图 4-12 所示为不同气体表观流速下单位压降随石油焦含水率的变化曲线。由图 4-12 可知，在气体表观流速一致的条件下，堆积颗粒含水率从 0 上升到 5%，料层最大单位压降从 336 Pa/m（含水率为 0 时）上升到 442 Pa/m（含水率为 1%时），随后又下降至 181 Pa/m（含水率为 5%时），呈现先增加后下降趋势。这是由于在含水率较低时，水分的吸附导致颗粒间的某些接触点变得更加紧密，单位压降随之上升；而随着含水率的增加，水分的润滑作用逐渐占据主导地位，导致整体摩擦力减小和堆积结构松散，进而降低单位压降。

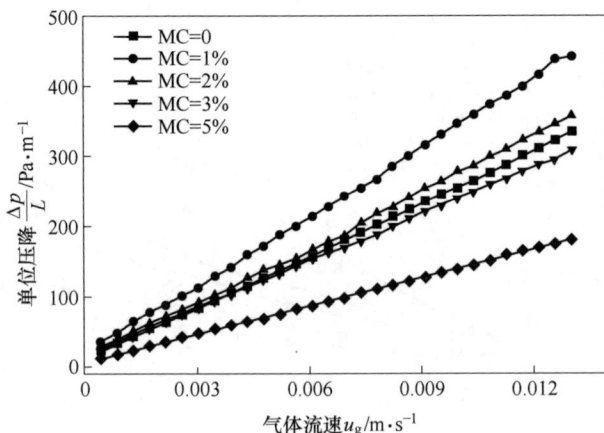

图 4-12　不同含水率（质量分数）条件下生焦料层随气体表观流速变化曲线

4.7　料层阻力特性关系式拟合

4.7.1　料层阻力量纲关系式拟合

　　为获得石油焦料层气体流动阻力关系式，将不同粒度的煅后石油焦压降实验数据代入量纲公式（见式（4-22））。由于式（4-22）为多元非线性方程，将方程两边取对数转换为线性方程，如式（4-24）所示。采用广义既约梯度法（GRG），拟合获得关系式如下：

$$\ln f_p = \alpha + \beta\ln\varepsilon + \gamma\ln(1-\varepsilon) + \delta\ln Re_p \tag{4-25}$$

$$f_p = 6.922 \times 10^{60}\varepsilon^{86.519}(1-\varepsilon)^{105.394}Re_p^{-1.047} \tag{4-26}$$

　　图 4-13 所示为采用拟合量纲公式获得的 $f_{p,pred}$（计算值）与 $f_{p,exp}$（实验值）之间的线性相关曲线。由图 4-13 可知，采用量纲公式计算所得的颗粒摩擦因子与实验值能较好的吻合，最大误差小于 20%，平均误差小于 8.0%。因此，式（4-25）可以用来求解非均多孔石油焦颗粒堆积料层内的气体流动阻力损失。

　　图 4-14 所示为不同石油焦颗粒料层内颗粒摩擦因子 f_p 随颗粒雷诺数 Re_p 的变化关系。由图 4-14 可知，随着 Re_p 上升，不同粒径石油焦料层内的 f_p 均逐渐减小。当 $Re_p<5$ 时，f_p 随 Re_p 的增加而迅速下降，而在高雷诺数区域下降趋势较为平缓。其主要原因为：当 Re_p 较低时，流动符合达西流特征，黏性阻力损失在流动损失中占主导地位，而黏性阻力损失与气体流速呈线性关系；随着 Re_p 逐渐上升，惯性阻力损失在流动损失中逐渐占主导地位，而惯性阻力损失与颗粒表观流速成二次方关系，此时相对于惯性阻力损失而言，黏性阻力损失基本可以忽略不计，因此 f_p 不随 Re_p 的增加而明显变化。

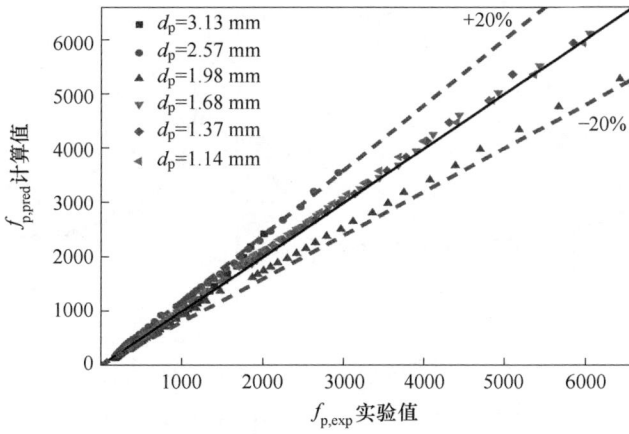

图 4-13　实验值 $f_{\mathrm{p,exp}}$ 与量纲公式计算值 $f_{\mathrm{p,pred}}$ 线性相关曲线

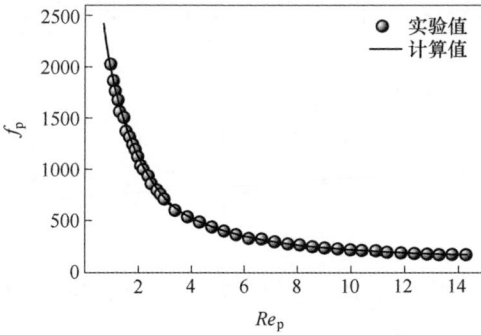

(a)

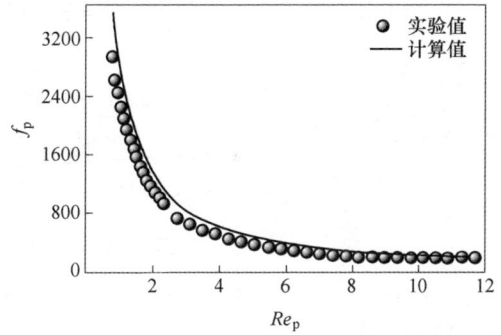

(b)

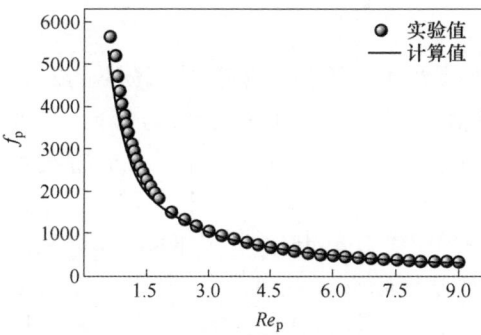

(c)

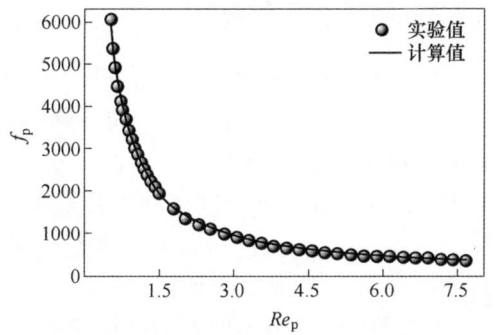

(d)

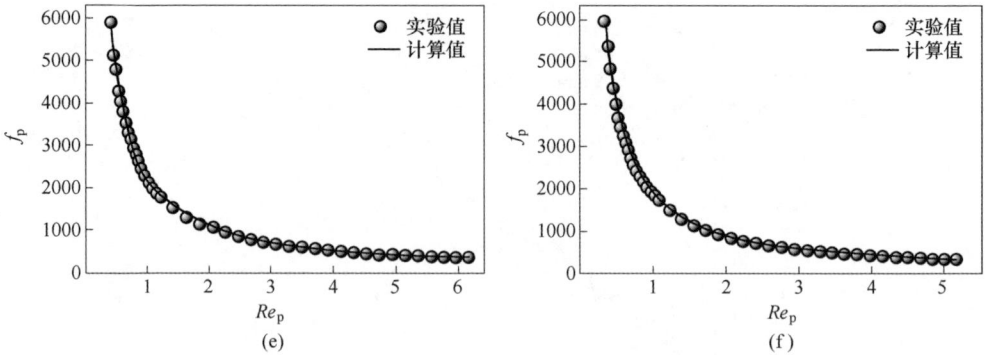

图 4-14 不同颗粒直径床层 f_p 随 Re_p 的变化曲线

（a） $d_p = 3.13$ mm； （b） $d_p = 2.57$ mm； （c） $d_p = 1.98$ mm；

（d） $d_p = 1.68$ mm； （e） $d_p = 1.37$ mm； （f） $d_p = 1.14$ mm

4.7.2 数据回归修正 Ergun 方程

采用非线性 GRG 规划求解算法对实验数据拟合获得的煅后石油焦料层修正 Ergun 方程如下[140]：

$$\frac{\Delta p}{L} = 150\frac{\mu(1-\varepsilon)^2}{\varepsilon^3 d_p^2}u + 1.71\frac{\rho(1-\varepsilon)}{\varepsilon^3 d_p}u^{0.96} \tag{4-27}$$

$$f_v = 1.363 \times 10^3 - 2.601 \times 10^3 \times e^{-8.307 \times 10^2 d_p} +$$
$$(1.024 - 3.929 \times 10^{-1} \times e^{1.175 \times 10^3 d_p})Re_p \tag{4-28}$$

采用式（4-28）计算的计算值与实验值平均相对误差为 12.90%，颗粒雷诺数适用范围为 $0.59 < Re < 27.43$。

4.7.3 单位压降预测对比

图 4-15 所示为煅后石油焦料层阻力量纲公式计算值与实验值 $\Delta p/L$ 的对比图。由图 4-15 可知，量纲公式能够较好预测不同粒径石油焦的料层压降，与实验的相对误差最大值在 20% 以内，平均相对误差为 8%，而传统的 Ergun 方程误差在 20% ~ 80%，预测准确率提升了 4 倍。

图 4-16 所示为量纲公式气体流速与单位压降计算对比图。由图 4-16 可知除粒度为 1.68 mm 的工况外，其他粒度预测值基本吻合。

图 4-17 所示为煅后石油焦料层修正 Ergun 方程计算值与实验值 $\Delta p/L$ 的对比图。由图 4-17 可知修正 Ergun 能够较好地预测不同粒径石油焦的料层压降，与实验的相对平均误差为 12.9%，而传统的 Ergun 方程误差在 20% ~ 80%，预测准确率提升了 3 倍。这是由于：（1）石油焦颗粒形状复杂多变，相比球形颗粒表面

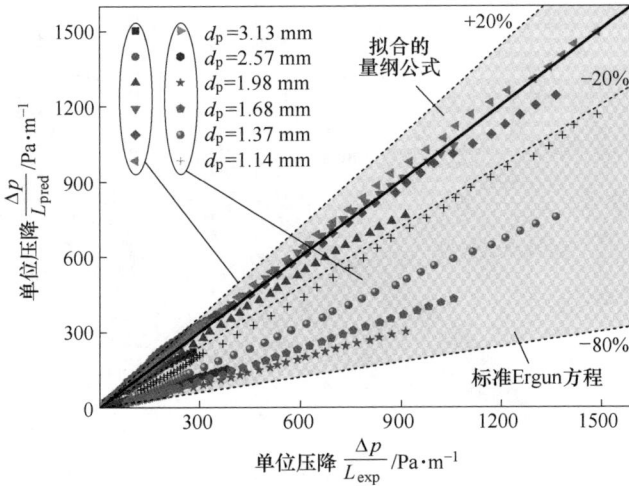

图 4-15 量纲拟合单位压降公式与实验值线性相关曲线

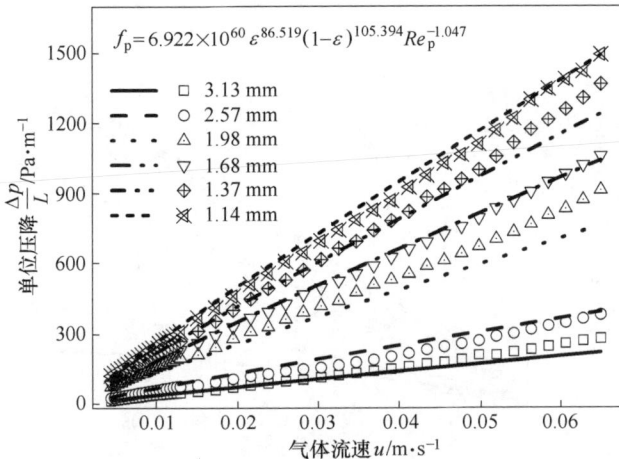

图 4-16 量纲公式气体流速与单位压降预测线性相关曲线

更加粗糙, 流体流过其表面时易形成较厚的边界层, 流体流动阻碍更大; (2) 异形石油焦颗粒间存在点、线、面接触及多种接触同时并存, 其内部挥发分气体空隙通道更为狭小, 迂曲率更高, 不利于流体流动。

图 4-18 所示为修正 Ergun 方程气体流速与单位压降预测对比。由图 4-18 可知, 除粒度为 1.68 mm 的工况外, 其他粒度预测值基本吻合。

图 4-19 所示为不同粒度及焦种石油焦堆积床层空隙率关系曲线。图 4-20 所示为不同粒度及焦种石油焦堆积床层等效球形颗粒粒度关系曲线。对比图 4-19 和图 4-20 可知, 在相同粒度条件下, 煅后石油焦的单位压降是生焦的 2~3 倍,

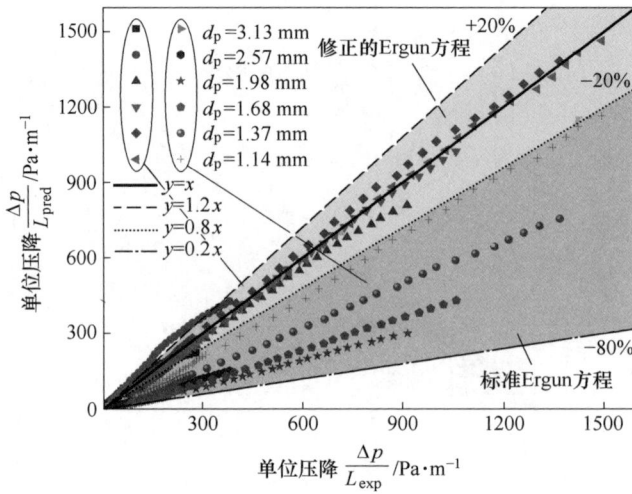

图 4-17　修正 Ergun 方程公式单位压降公式计算值与实验值线性相关曲线

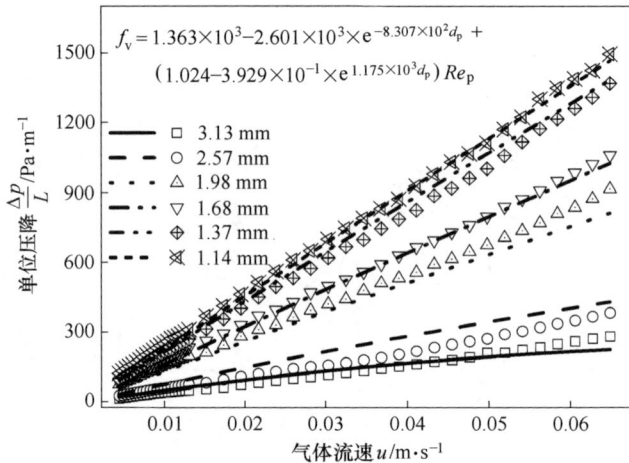

图 4-18　修正 Ergun 方程气体流速与单位压降预测对比

推断主要是由于随着煅烧的进行，堆积床层空隙率逐渐下降，缝隙也随之减少，同时由于煅烧除去了石油焦中挥发分，颗粒表面黏性下降进而减少颗粒间搭拱。在给定粒度范围内，堆积床层空隙率随着颗粒粒度减小而下降。

　　由图 4-20 可知，将煅后焦堆积料层单位压降代入标准 Ergun 方程，可得石油焦等效粒度比（实际过筛粒度 d_p/标准球形 d_p）随着石油焦颗粒尺寸的减小而逐渐增大；颗粒粒度从 2.50～3.20 mm（6～8 目）下降到 1.00～1.25 mm（16～18 目）时，生焦粒度等效粒度比由 0.72 逐渐增加至 0.88，煅后石油焦的等效粒度比由 0.47 上升至 0.64。

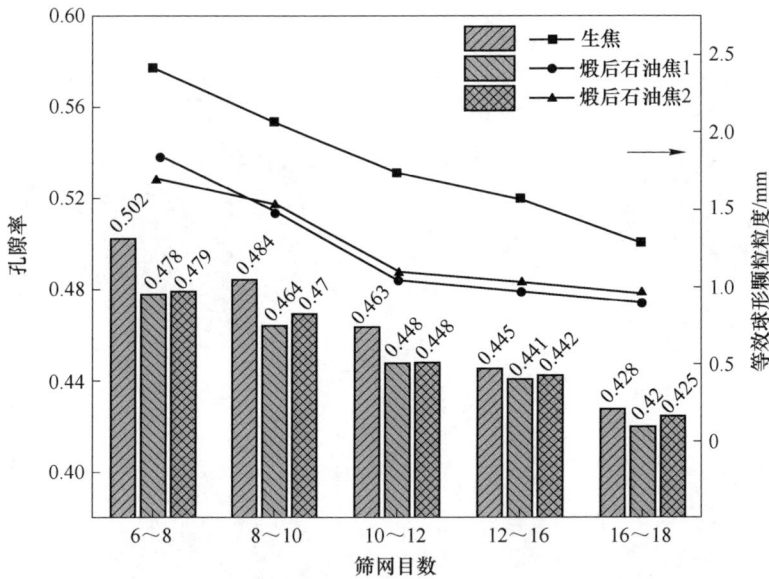

图 4-19 不同粒度及焦种石油焦堆积床层孔隙率关系曲线

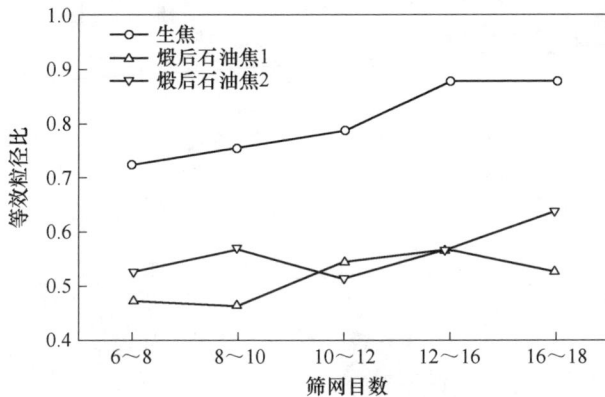

图 4-20 不同粒度（筛网目数）及焦种石油焦堆积床层等效球形颗粒粒度关系曲线

4.7.4 混料阻力特性

将不同来源的生焦原料进行筛分，粒度分布如图 4-21 所示。将煅后石油焦原料进行筛分，粒度分布如图 4-22 所示。按标准 Ergun 公式，计算反推获得混料的等效粒度。由图 4-21 可得，混料（未筛分物料）单位压降与 0.336~1.133 mm 粒度的石油焦颗粒的单位压降相当，混料的平均等效粒径 $d_p = 0.586$ mm。

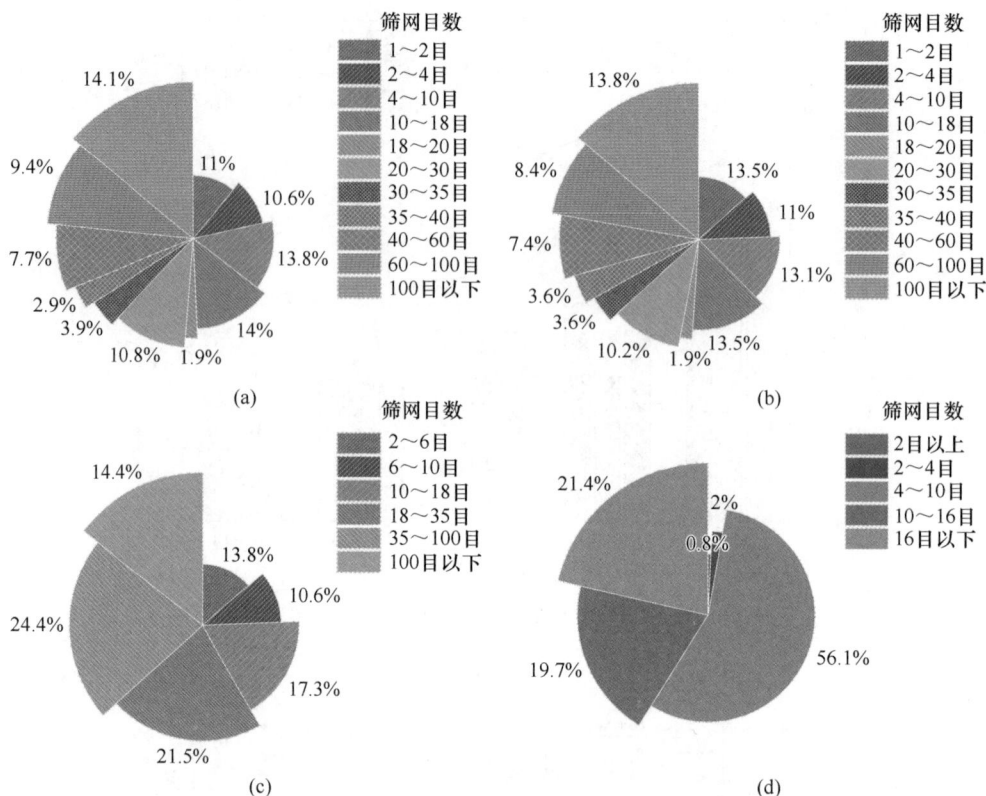

图 4-21　不同生焦混料粒度分布及等效 Ergun 方程颗粒粒度

（a）生焦 A 混料，$d_p = 0.545$ mm；（b）生焦 B 混料，$d_p = 0.525$ mm；

（c）生焦 C 混料，$d_p = 0.393$ mm；（d）生焦 D 混料，$d_p = 1.133$ mm

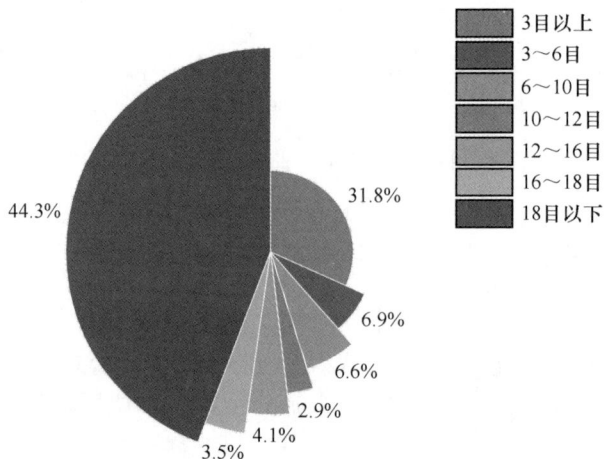

图 4-22　煅后石油焦混料粒度分布及等效 Ergun 方程颗粒粒度　（$d_p = 0.336$ mm）

4.8 孔隙尺度下石油焦料层孔隙结构特性

4.8.1 颗粒形貌三维扫描

采用的三维蓝光扫描仪为南科三维全自动珠宝扫描仪 K630，其相机分辨率为 630 万像素，光栅为蓝光 LED 光源，扫描精度不大于 0.01 mm，扫描速度≤0.6 s，数据输出为三维 STL 格式。蓝光 3D 扫描仪工作原理为：蓝色光源投射蓝光到被扫描物体表面，相机捕捉到物体表面反射的蓝光图像，通过图像处理算法，计算出物体表面的三维坐标，通过计算机算法重建出物体的几何形状和表面结构，生成高精度的三维几何模型。

图 4-23 所示为不同粒度（筛网目数）石油焦颗粒典型三维轮廓，由图 4-23 可知，基于三维扫描分析发现不同粒度的石油焦颗粒形状极不规则，外表面凹凸不平。

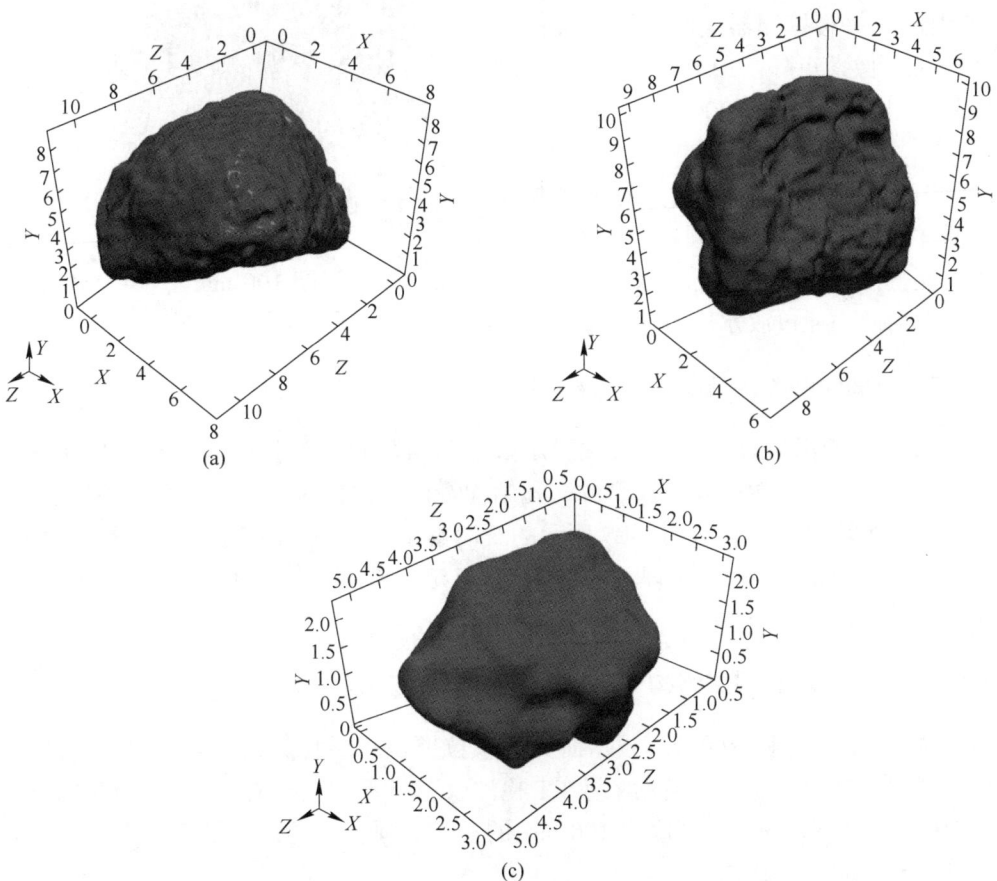

图 4-23 不同粒度（筛网目数）石油焦颗粒典型三维轮廓（单位：mm）

（a）2～3 目；（b）3～4 目；（c）6～8 目

4.8.2 工业 CT 扫描

工业 CT 扫描是一种运用 X 射线成像原理的无损检测技术，该技术能够在维持样本完整性的基础上，捕捉样本的外部形态和内部构造的详细信息，进而实现其形态及内部结构的高精度三维重建与可视化。借助该技术，研究人员可深入了解材料内部结构、缺陷分布，以及损伤演化等关键信息，为材料的性能优化和结构设计提供有力支持。

本研究采用的 CT 扫描仪为天津三英精密仪器股份有限公司生产的 MultiscaleVoxel-2000，其技术指标为：像素细节分辨能力：1 μm（平板探测器）/ 50 nm（物镜耦合探测器）；空间分辨率：3 μm（平板探测器）/500 nm（物镜耦合探测器）；平板探测器成像面积：244 mm× 195 mm，像素矩阵：1920×1536；可检测样品尺寸：400 mm×300 mm（直径×高度）。

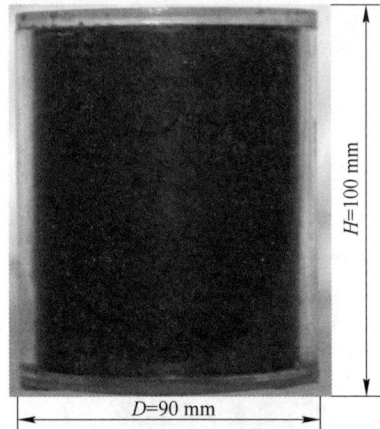

图 4-24　圆管填充石油焦颗粒送样样品

图 4-24 所示为圆管填充石油焦颗粒送样样品。由于石油焦颗粒为松散颗粒，为检测方便，通过亚克力圆管（尺寸：外径 90 mm，高度 100 mm），填充满石油焦颗粒后两头通过胶水固定，如图 4-24 所示。

4.8.3 石油焦颗粒内孔隙结构 CT 分析

图 4-25 所示为石油焦颗粒三维 CT 扫描不同截面孔隙分布。由图 4-25 可知，分析发现石油焦颗粒内具有典型的多孔结构特性，颗粒内孔隙尺寸大小不一，从微米到毫米均有分布。对图 4-25 所示的石油焦颗粒三维 CT 扫描图片进行中值滤波、二值化阈值分割等处理，定量分析确定了颗粒内孔隙所占体积分数约为 18.8%。

4.8.4 石油焦堆积料层结构 CT 分析

基于 CT 扫描和图像处理技术研究了颗粒堆积床层孔隙结构并构建了石油焦堆积料层三维数字模型。借助工业 CT 检测仪，将不同粒度石油焦样品封装在外径 90 mm、壁厚 3 mm、高度为 100 mm 的亚克力圆管中进行三维 CT 扫描，探讨了堆积料层的孔隙结构。

图 4-26 所示为不同粒度石油焦颗粒堆积料层的三维扫描数据，其中图 4-26

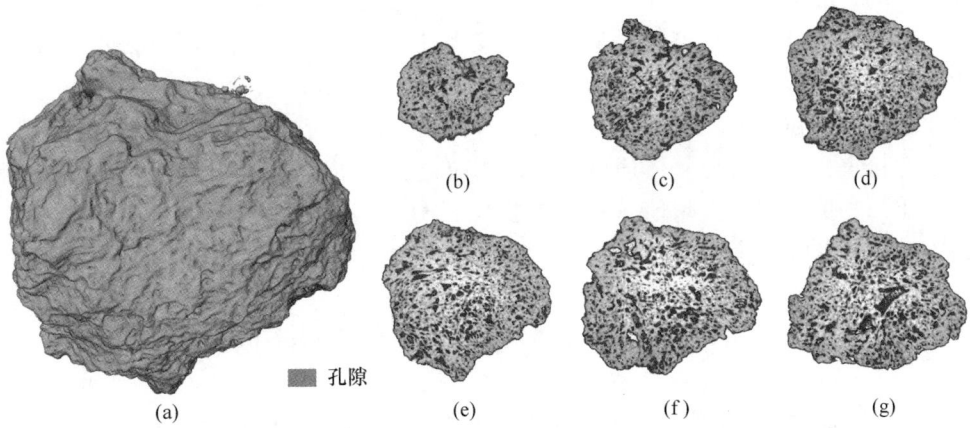

图 4-25　石油焦颗粒三维 CT 扫描不同截面孔隙分布

（a）xy 平面视图；（b）$z=300$；（c）$z=400$；（d）$z=500$；（e）$z=600$；（f）$z=700$；（g）$z=800$

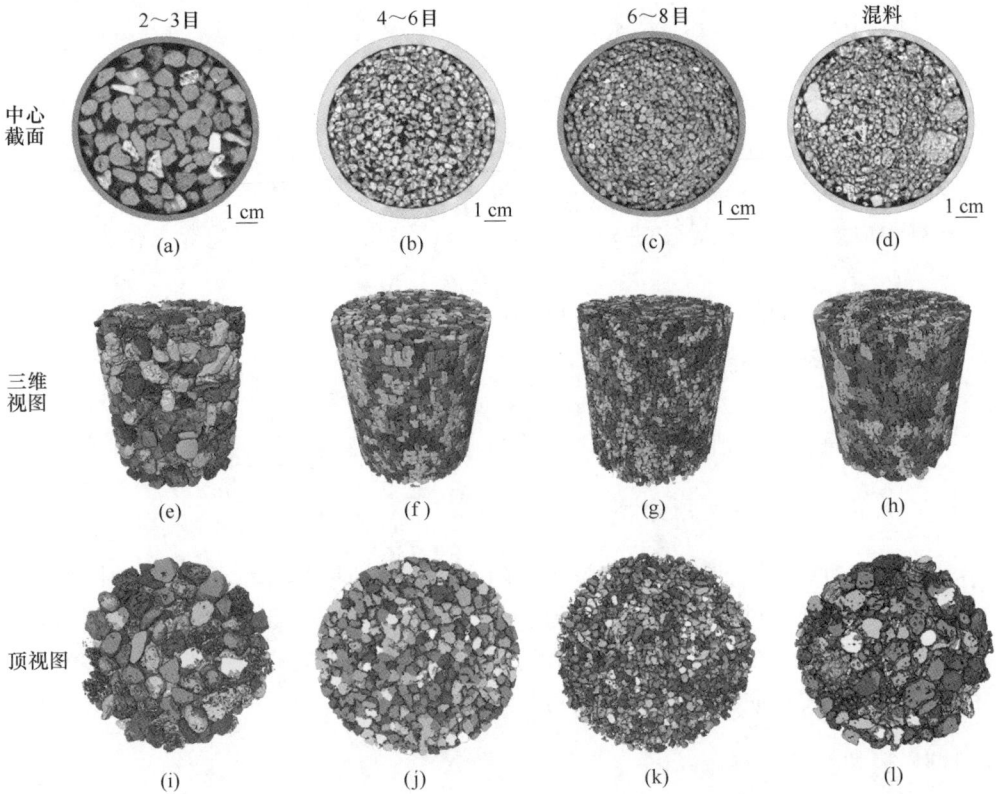

图 4-26　石油焦颗粒堆积结构三维 CT 扫描

（a）~（d）中心截面；（e）~（h）三维视图；（i）~（l）顶视图

（a）~（d）所示为三维 CT 扫描样品的中心截面云图，图 4-26（e）~（h）所示为经二值化阈值分割、形态学轮廓分离运算后获得的三维视图，图 4-26（i）~（l）所示为顶视图。研究结果表明：（1）石油焦颗粒间孔隙大小与颗粒尺寸在同一尺寸水平，颗粒越大，孔隙尺寸越大，对应的挥发分流通通道数越少；因此尺寸过小的粉焦，其挥发分气体通道缝隙也相应更加弯曲狭小，进而导致气体逸出困难；（2）通过二值化阈值分割、数据定量分析发现堆积颗粒孔隙率为 45%~50%，这与广口瓶法测量结果基本一致。

4.9　孔隙尺度下料层内气体流动仿真模型

基于 CFD 数值仿真技术，探讨石油焦颗粒粒度、气体流速、料层尺寸对料层压力的影响规律。

4.9.1　数值仿真模型

孔隙内层流流动连续性方程为：

$$\rho \nabla \cdot \boldsymbol{u} = 0 \tag{4-29}$$

动量守恒用纳维-斯托克斯方程为：

$$\rho(\boldsymbol{u} \cdot \nabla \boldsymbol{u}) = -\nabla p + \nabla \cdot \left\{ \mu \left[\nabla \boldsymbol{u} + (\nabla \boldsymbol{u})^{\mathrm{T}} \right] \right\} \tag{4-30}$$

式中，ρ 为流体密度；$\boldsymbol{u}$ 为流体的流速；p 为压强；μ 为流体动力黏度。

对于边界条件的设定主要分为入口、出口及侧边界。入口边界条件为：

$$\boldsymbol{u} = -U_0 \boldsymbol{n} \tag{4-31}$$

式中，$\boldsymbol{n}$ 为单位向量；U_0 为法向流入速度。

出口边界条件为：

$$(-p\boldsymbol{I} + \boldsymbol{K})\boldsymbol{n} = -p_0 \boldsymbol{n} \tag{4-32}$$

式中，p_0 为稳态初始值，假定为 $p_0 = 0$ Pa。

4.9.2　几何造型及网格划分

图 4-27 所示为石油焦料层孔隙结构阻力特性仿真技术路线示意图。由图 4-27可知，本书首先通过工业计算机断层扫描（CT）获得三维图像，随后进行区域截取获得典型二维结构，采用数值仿真软件，针对搭建的非球形石油焦颗粒料层阻力特性实验装置原型进行网格的划分与二维建模。

4.9.3　模型参数设置

模型所用流体介质为氮气，气体密度为 1.25 kg/m³，气体黏度为 1.8×10⁻⁵ Pa·s，左侧入口气体流速为 0.03 m/s，右侧为压力出口，上下两侧为壁面边界。

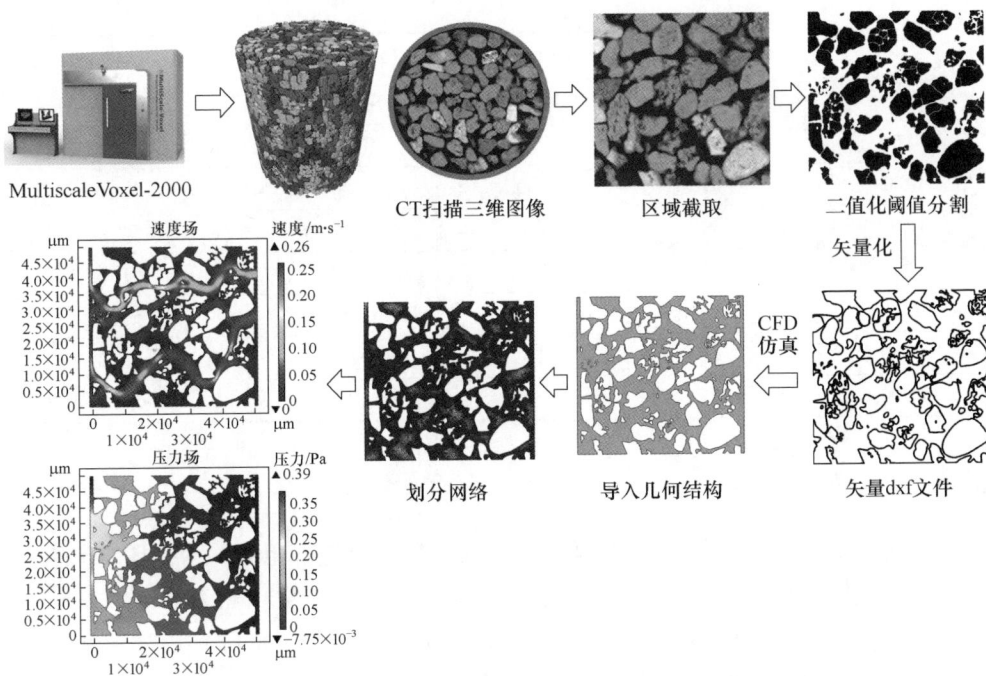

图 4-27　石油焦料层孔隙结构阻力特性仿真模型技术路线

4.10　孔隙尺度下石油焦料层气体流动影响因素分析

通过 CT 扫描、计算机图像处理及 CFD 数值仿真技术研究挥发分气体在石油焦颗粒内及石油焦堆积床层间的传递行为，探讨孔隙尺度下石油焦中挥发分在颗粒间隙的渗流规律及气体迁移路径，具体仿真实验条件见表 4-4。

表 4-4　孔隙尺寸气体流动仿真实验条件

工况名称	气体流速 /m·s⁻¹	料层长度, x 方向/mm	料层宽度, y 方向/mm	颗粒粒度/mm
D2	0.03	50	50	8.0~12.5（2~3 目）
D4	0.03	50	50	3.2~5.0（4~6 目）
D6	0.03	50	50	2.5~3.2（6~8 目）
D10	0.03	50	50	1.6~2.0（10~12 目）
V1	0.01	50	50	8.0~12.5（2~3 目）
V2	0.02	50	50	8.0~12.5（2~3 目）

工况名称	气体流速 /m·s⁻¹	料层长度, x 方向/mm	料层宽度, y 方向/mm	颗粒粒度/mm
V6	0.06	50	50	8.0~12.5 (2~3 目)
L100	0.03	100	50	8.0~12.5 (2~3 目)
L150	0.03	150	50	8.0~12.5 (2~3 目)
L200	0.03	200	50	8.0~12.5 (2~3 目)
W100	0.03	50	100	8.0~12.5 (2~3 目)
W150	0.03	50	150	8.0~12.5 (2~3 目)
W200	0.03	50	200	8.0~12.5 (2~3 目)

4.10.1　颗粒粒度

　　石油焦堆积料层颗粒间隙结构与颗粒粒度及形貌紧密相关，为探明颗粒粒径对挥发分气体在料层内迁移的影响规律，本节考察了颗粒粒径为 8.0~12.5 mm（2~3 目）、3.2~5.0 mm（4~6 目）、2.5~3.2 mm（6~8 目）、1.6~2.0 mm（10~12 目）四个工况（工况编号：D2、D4、D6、D10）条件下，料层内的多物理场分布特性。

　　图 4-28~图 4-31 分别为粒度为 8.0~12.5 mm（2~3 目）、3.2~5.0 mm（4~6 目）、2.5~3.2 mm（6~8 目）、1.6~2.0 mm（10~12 目）条件下颗粒堆积层孔隙流动仿真结果。由图 4-28 可知，石油焦床层堆积缝隙是挥发分气体的主要迁移通道，迁移路径为缝隙流。由图 4-29~图 4-31 可知，在相同的气体流速条件下（左侧速度入口 0.03 m/s，右侧为出口，上下为壁面边界），颗粒粒度越小，最大气体流速越大。随着颗粒粒度从 2~3 目下降到 10~12 目，颗粒料层最大压差从 1.36 Pa 上升至 20.6 Pa，即单位压降从 27.2 Pa 上升到 412 Pa，单位压降上升了 14 倍，这一结论与石油焦料层阻力特性实验结论基本一致。

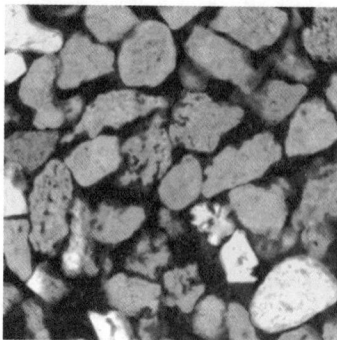
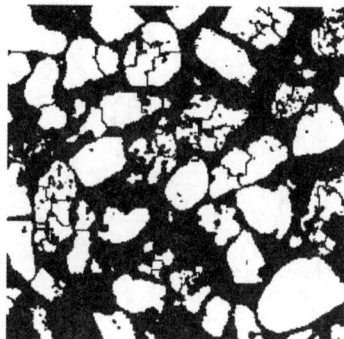

(a)　　　　　　　　　　　(b)

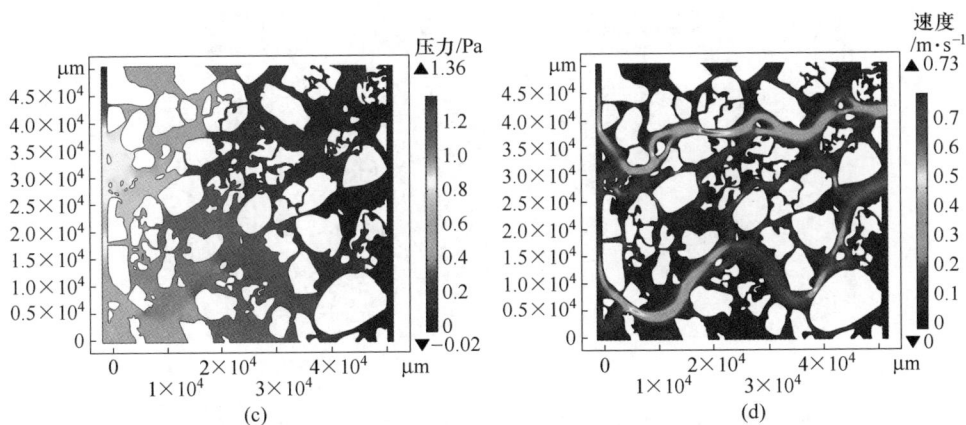

(c)　　　　　　　　　　　　　　　　　(d)

图 4-28　工况 D2 条件下颗粒堆积层孔隙流动 CFD 仿真

（a）CT 切片；（b）二值化；（c）压力场；（d）孔隙速度场

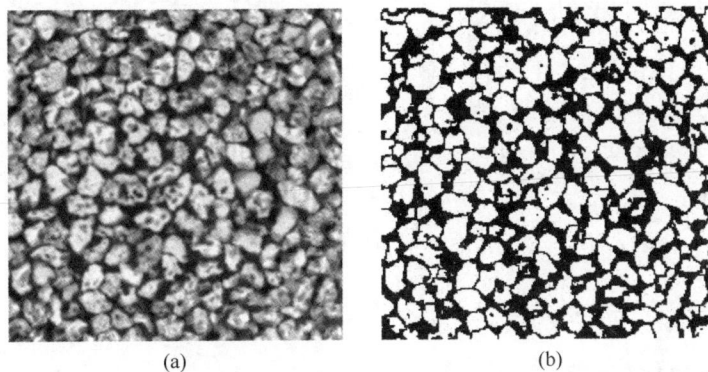

(a)　　　　　　　　　　　　　　　　　(b)

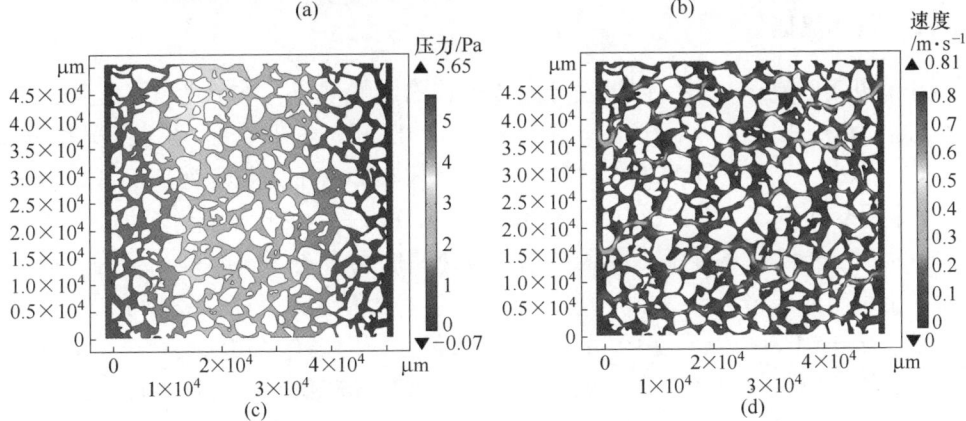

(c)　　　　　　　　　　　　　　　　　(d)

图 4-29　工况 D4 条件下颗粒堆积层孔隙流动 CFD 仿真

（a）CT 切片；（b）二值化；（c）压力场；（d）孔隙速度场

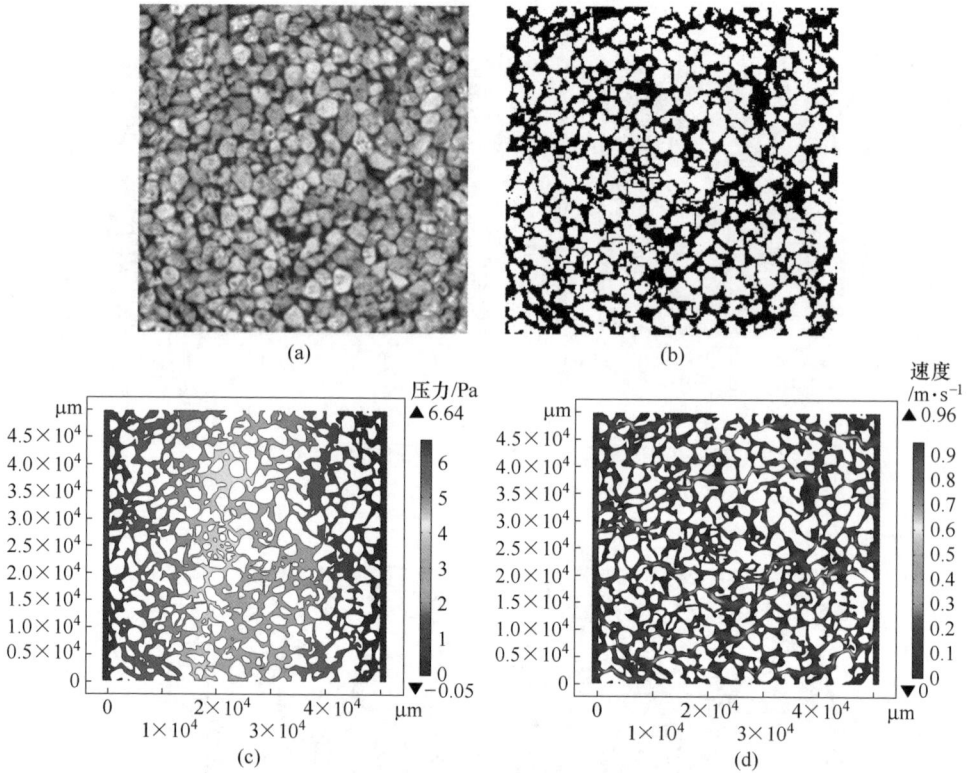

图 4-30　工况 D6 条件下颗粒堆积层孔隙流动 CFD 仿真

（a）CT 切片；（b）二值化；（c）压力场；（d）孔隙速度场

4.10.2　气体流速

　　为探明气体流速对料层内挥发分气体迁移的影响规律，本节考察了左侧入口气体流速为 0.01 m/s、0.02 m/s、0.03 m/s、0.06 m/s 四个工况（工况编号：V1、V2、D2、V6）条件下的料层多物理场。图 4-32 所示为粒度为 8.0~12.5 mm（2~3 目）条件下不同入口气体流速压力场云图，图 4-33 所示为粒度为 8.0~12.5 mm（2~3 目）条件下不同入口气体流速速度场云图。图 4-34 所示为不同入口气体流速与料层最大流速、压力之间的关系。由图 4-32 和图 4-34 可知，随着气体流速从 0.01 m/s 上升至 0.06 m/s，料层最大压力由 0.43 Pa 上升至 3.74 Pa，呈线性增加规律。这是由于在孔隙尺寸下，气体流速较低时，与速度成一次关系的黏性阻力占主导地位，当气体流速较高时，与速度成二次关系的惯性阻力会逐渐起主要作用。

　　由图 4-33 和图 4-34 可知，随着气体流速从 0.01 m/s 上升至 0.06 m/s，料层

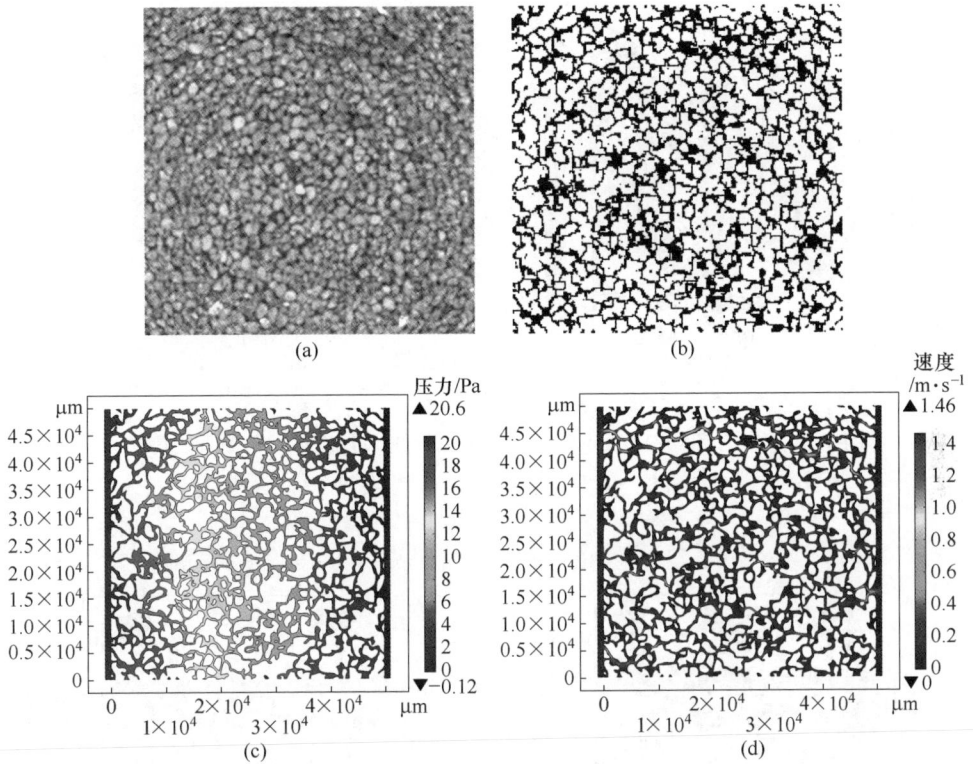

(a)

(b)

(c)

(d)

图 4-31 工况 D10 条件下颗粒堆积层孔隙流动 CFD 仿真

(a) CT 切片；(b) 二值化；(c) 压力场；(d) 孔隙速度场

间隙中最大气流速度区域基本不变，最大流速由 0.26 m/s 上升至 1.32 m/s，呈现线性增加规律，表明气体流速增加对料层内的气体迁移路径无显著影响。

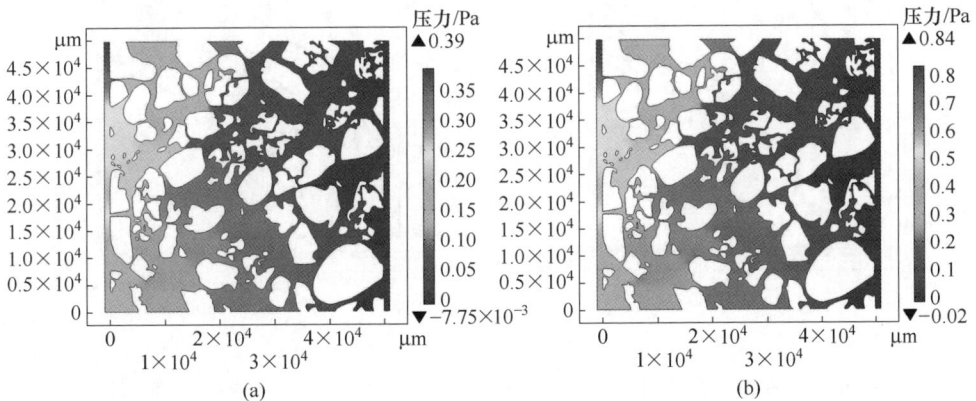

(a)

(b)

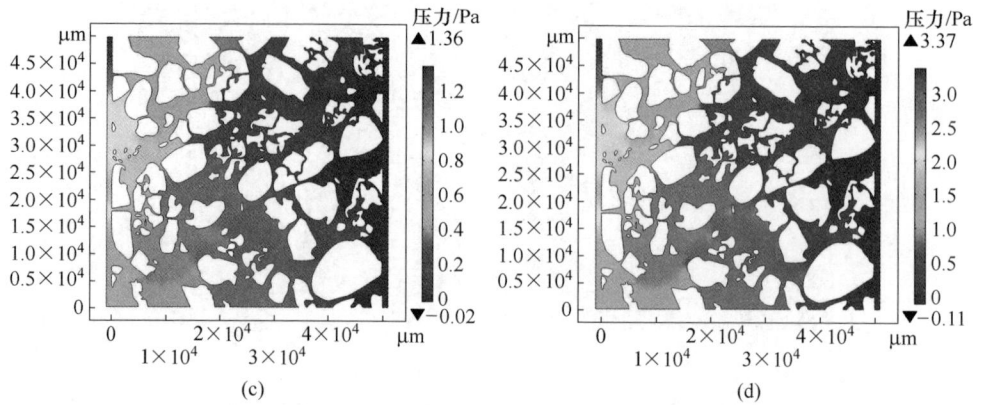

图 4-32　粒度为 8.0~12.5 mm（2~3 目）条件下不同入口气体流速压力场

（a）$u_x = 0.01$ m/s；（b）$u_x = 0.02$ m/s；（c）$u_x = 0.03$ m/s；（d）$u_x = 0.06$ m/s

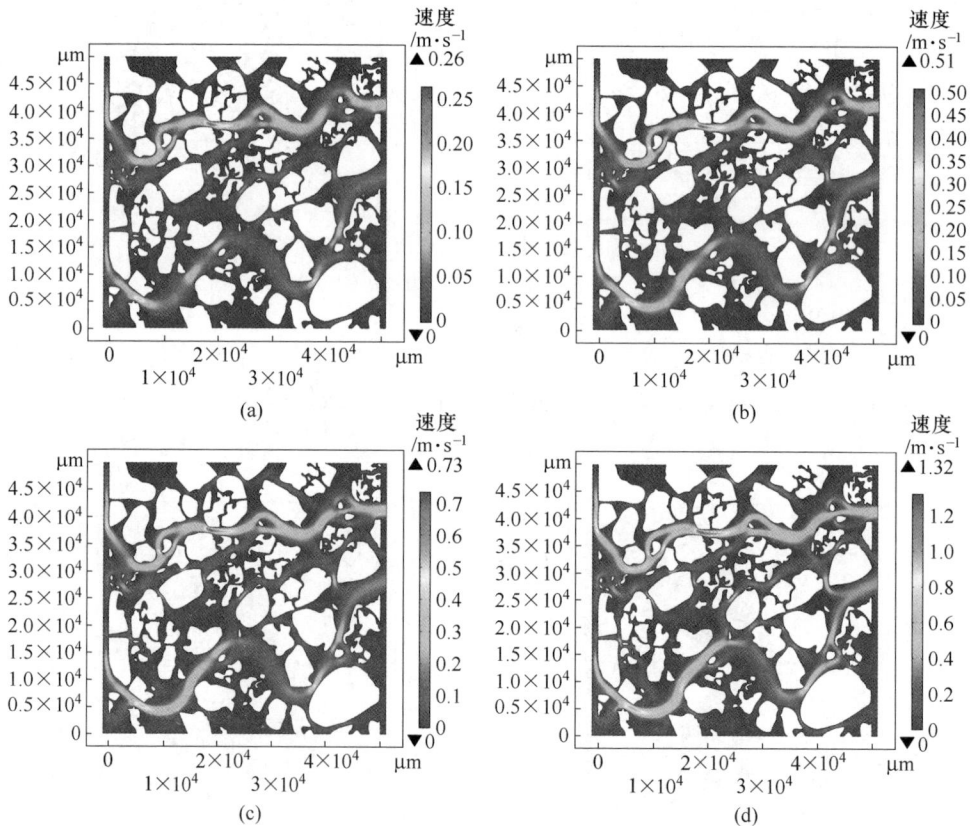

图 4-33　粒度为 8.0~12.5 mm（2~3 目）条件下不同入口气体流速速度场

（a）$u_x = 0.01$ m/s；（b）$u_x = 0.02$ m/s；（c）$u_x = 0.03$ m/s；（d）$u_x = 0.06$ m/s

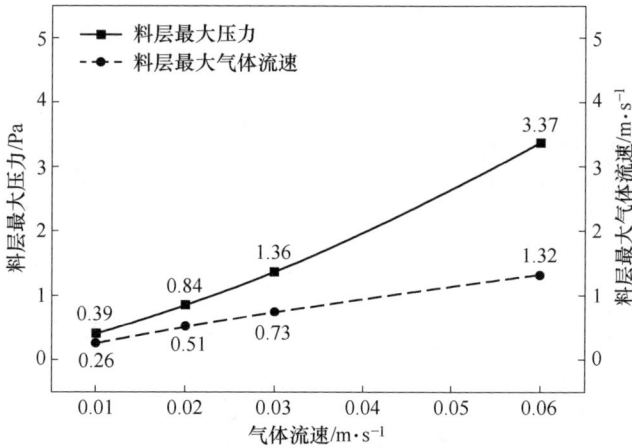

图 4-34　不同入口气体流速与料层最大流速、压力之间的关系

4.10.3　料层长度

为探明料层长度对料层内挥发分气体迁移的影响规律，考察了料层长度为 50 mm、100 mm、150 mm、200 mm 四个工况（工况编号：D2、L100、L150、L200）条件下的料层多物理场。图 4-35 所示为不同料层厚度条件下料层孔隙流动压力场，图 4-36 所示为不同料层厚度条件下料层孔隙流动速度场。

由图 4-35 和图 4-36 可知，料层厚度从 50 mm 增加至 200 mm，料层间压差也随之增加，由 1.36 Pa 增加至 3.31 Pa，增加了 1.4 倍。这与模拟所采用的颗粒堆积结构存在一定的关系。

图 4-37 所示为料层长度与料层内最大气体流速和压力的关系曲线。由图 4-37 可知，随着料层厚度从 50 mm 增加至 200 mm，料层间隙中最大气流速度区域及气体流速基本不变，气体流动速度与单位截面的流量有关，与料层厚度无关。

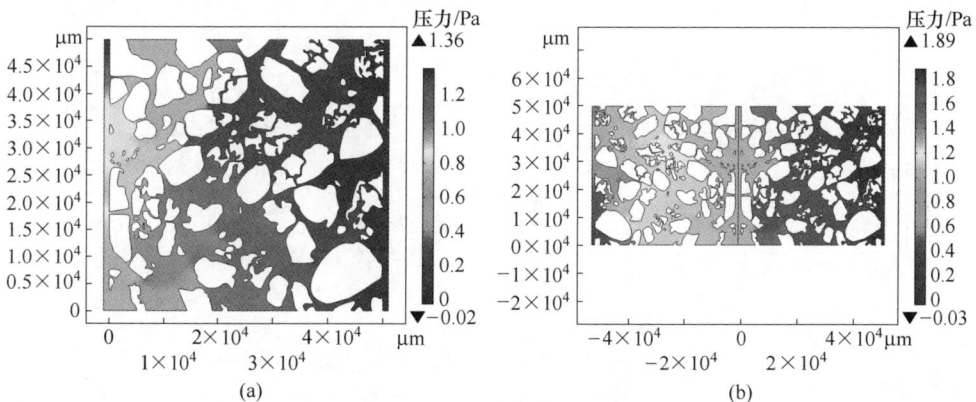

(a)

(b)

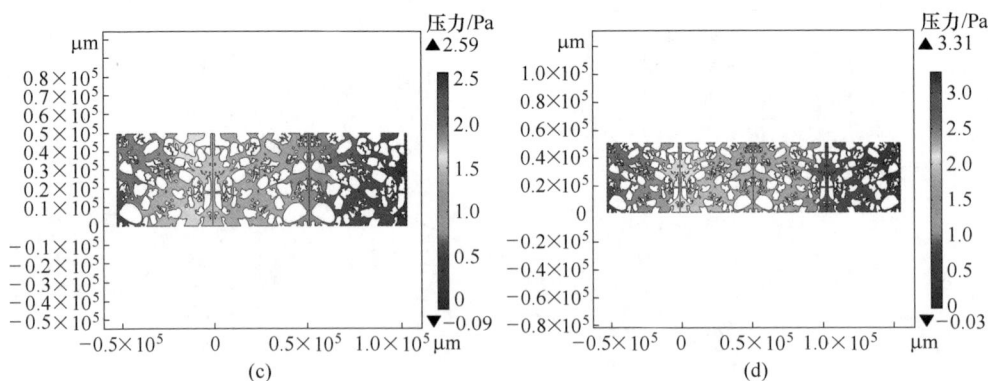

图 4-35　不同料层厚度颗粒堆积层孔隙流动压力场

（a）料层厚度为 50 mm；（b）料层厚度为 100 mm；（c）料层厚度为 150 mm；（d）料层厚度为 200 mm

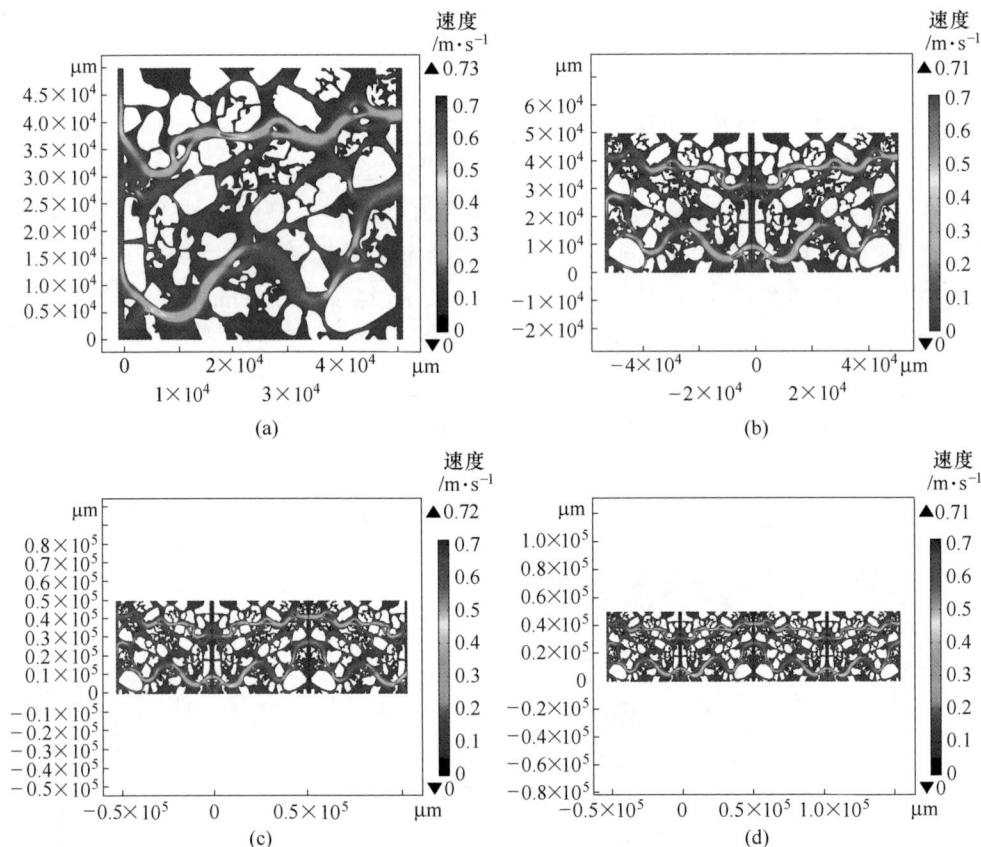

图 4-36　不同料层厚度颗粒堆积层孔隙流动速度场

（a）料层厚度为 50 mm；（b）料层厚度为 100 mm；（c）料层厚度为 150 mm；（d）料层厚度为 200 mm

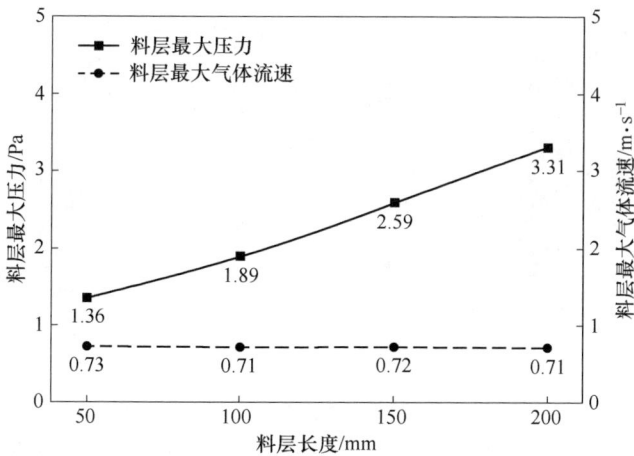

图 4-37 料层长度与料层内最大气体流速和压力的关系曲线

4.10.4 料层宽度

为探明料层宽度对料层多物理场的影响规律，考察了料层宽度为 50 mm、100 mm、150 mm、200 mm 四个工况（工况编号：V6、W100、W150、W200）条件下的料层多物理场。图 4-38 所示为不同料层宽度条件下料层压力场，图 4-39 所示为不同料层宽度条件下料层速度场。

由图 4-38 可知，料层宽度从 50 mm 增加至 200 mm，料层间压差无明显变化，表明料层压差与其横截面积无关，这与阻力特性实验中床径比实验结论一致。

由图 4-39 可知，随着料层宽度从 50 mm 增加至 200 mm，料层间隙中最大气流速度区域及气体流速基本不变，气体流动速度与单位截面的流量有关，与料层宽度无关。

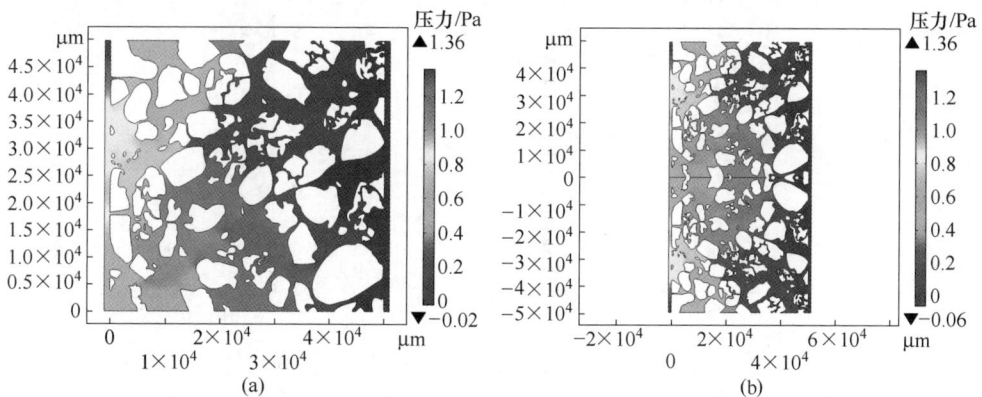

(a)

(b)

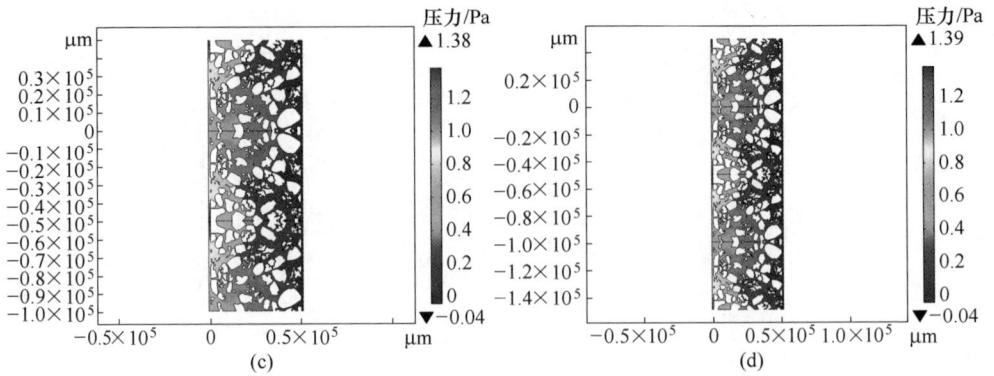

图 4-38　不同料层宽度条件下料层压力场

（a）料层宽度 50 mm；（b）料层宽度 100 mm；（c）料层宽度 150 mm；（d）料层宽度 200 mm

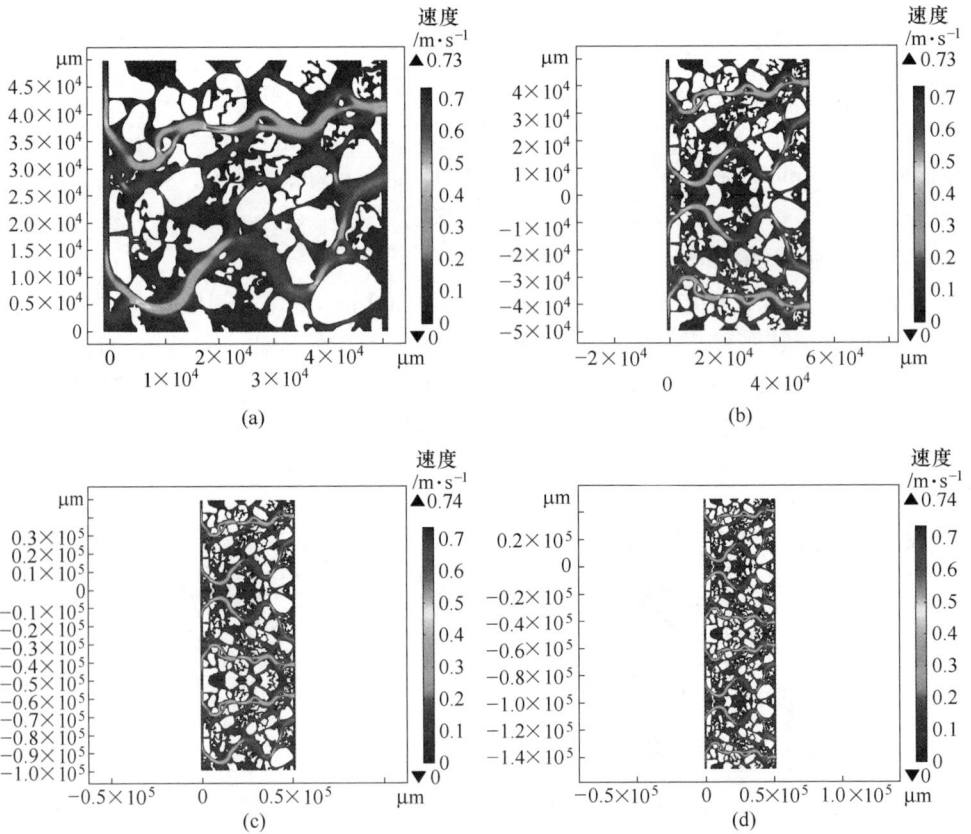

图 4-39　不同料层宽度条件下料层速度场

（a）料层宽度 50 mm；（b）料层宽度 100 mm；（c）料层宽度 150 mm；（d）料层宽度 200 mm

4.11　本　章　小　结

本章通过亚克力圆管、压差计、流量计等设备搭建了石油焦颗粒料层压降实验装置并开展了多因素实验研究。通过压降实验研究了料罐尺寸、料层高度、颗粒粒度等因素对料层单位压降的影响规律，并结合量纲分析及修正 Ergun 方程研究建立了料层阻力特性关系式。在此基础上采用工业 CT、计算机图形分析及 CFD 数值仿真技术探讨了挥发分在料层孔隙内的迁移路径及影响规律，结论如下：

（1）混料（未筛分物料）单位压降与 0.336~1.133 mm 粒度的球形颗粒的单位压降相当，混料的平均等效粒径 $d_p = 0.586$ mm。

（2）不同粒度石油焦的单位压降与流速近似呈线性关系。由于颗粒内气体流动为低速层流，与流速呈二次关系的惯性阻力损失较小，而与流速呈一次关系的黏性阻力损失则占主导地位。

（3）石油焦床层堆积缝隙是挥发分气体的主要迁移通道，迁移路径为缝隙流；在相同的气体流速条件下，颗粒粒度越小，最大气体流速越大，单位压降越大。

（4）采用非线性 GRG 规划求解算法对实验数据拟合获得修正 Ergun 方程，其预测值与实验值吻合度良好。

（5）当床径比 $D/d_p > 20$，壁面效应影响可忽略；料层阻力与气体流速正相关，与颗粒粒度负相关；堆积料层阻力无量纲关系式为 $f_p = 6.922 \times 10^{60} \varepsilon^{86.519} (1 - \varepsilon)^{105.394} Re_p^{-1.047}$。

5 石油焦堆积料层传热特性
实验及仿真研究

5.1 概　　述

石油焦是以原油蒸馏后的渣油为原料，经过延迟焦化工艺生产的有机固态工业原料[141]。经高温煅烧后的石油焦是炭素行业中生产铝电解阳极、炼钢用石墨电极、增碳剂及其他炭制品的重要基础材料[142]。中国石油焦消费量巨大，据统计，2023 年中国石油焦消费量达到 4516 万吨，居世界第一[143]。目前，中国70% 以上的石油焦均通过罐式煅烧炉工艺进行生产。罐式炉内石油焦煅烧过程属于一个典型的慢速下降运动颗粒堆积床，石油焦需在 1250~1350 ℃高温下进行煅烧[144]。因此石油焦堆积床导热性能是煅烧过程罐式炉内流场、温度场、浓度场等关键参数研究的基础，对优化罐式炉煅烧工艺和提高石油焦煅烧质量具有重要的作用。

目前罐式炉内堆积料层传热特性研究集中在特定温度范围内的石油焦导热系数测定[21, 145]。郑斌等人[146]测定了温度范围在 50~250 ℃的煅后石油焦导热系数。杨光华[145]采用平板导热测试仪测定了 0.355~0.85 mm（20~55 目）煅后石油焦在 100~900 ℃范围内的导热系数。研究表明，颗粒粒度越小，传热能力越差，随着当前石油焦原料高粉焦比问题日益突出，其堆积床层导热性能将进一步下降。因此高粉焦比原料导致的炉内温度场分布变化仍有待进一步持续研究，其关键在于查明石油焦粒径、堆积结构与导热系数内在联系，进而为提质增效提供理论基础。

导热系数是衡量材料热传导能力的关键指标，其测量方法多样，包括稳态和非稳态法，具体选择取决于材料特性、温度范围和导热系数本身[147-157]。目前针对填充床导热性能研究集中在使用热电偶实时测温的传热实验联合数值仿真计算反推估计热扩散系数、热导率和比热容等。其中，Yang 等人[158]提出了一种迭代方法，用于从单侧边界温度测量中确定热导率。Wang 等人[156]提出基于粒子群优化算法、正态分布方法和有限元方法的混合方法，用于同时估计边界热传递系数和热导率。Ngo 等人[159]基于Broyden-Fletcher-Goldfarb-Shanno（BFGS）方法的逆向算法，估计了黄铜棒的热传导率和比热容。Bedarkar 等人[160]开发了一种从外围加热圆柱形填充床并测量其瞬态响应的实验技术，用于测量竖直圆柱形铁矿石颗粒填充床径向热导率，所得到的热导率值与文献值基本吻合。钱立波等人[161]探讨了固-固二元复合材料等效导热系数的预测方法，评价了多种经验或理论模型的预测精度。此外，部分学者通过对堆积结构三维建模及数值仿真技术，探讨了结构与导热系数的内在联系，其中赵瑾等人[162]通过对材料微观结构、孔隙率及孔分布的系统表征，结合三维重构和有限元仿真研究了中间相沥青基炭泡沫材料真实孔结构并推算了有效导热系数。Qian 等人[163]针对低温与高温条件下的填充床，分别推荐并验证了最优的热传导模型（Zehner-Bauer-Schlünder 模型）和热辐射模型（Breitbach 和 Barthels 模型），以提高 CFD 模拟的准确性，特别是在煤热解固定床反应器中的应用。上述研究在烧结矿填充床、多孔材料等领域获得了较好的应用，为石油焦颗粒堆积床层导热特性研究提供了理论参考。

本章首先通过搭建石油焦颗粒料层升温实时监测实验装置并开展线性升温实验，研究颗粒粒度、升温速率、温度等因素对料层内外温度变化的影响规律。其次，基于计算传热学原理反推导热系数，并与现有的有效导热系数模型进行对比，探讨颗粒粒度、升温速率、温度与导热系数的数学表达。最后，基于三维CT 扫描和 CFD 仿真技术，探讨了颗粒堆积结构、粒度对料层导热特性的影响内在机理，为罐式煅烧炉石油焦煅烧传热行为提供基础理论。

5.2　堆积料层热态实验及传热原理

5.2.1　实验装置

搭建的石油焦颗粒堆积床传热实验装置如图 5-1 所示。该实验装置由可编程高温管式炉（QGF60，工作温度区间为常温至 1400 ℃）、石英玻璃管（外径60 mm，壁厚 3 mm，长 0.8 m）、超细 K 型热电偶（常温~1200 ℃，$\phi = 1.0$ mm，精度 0.25 级）、差分热电偶输入模块（DAM3138，采集精度±0.5 ℃）、数据采集软件（DAM-3000M）及配套线缆构成。其中，石英管内石油焦颗粒填充长度为500 mm，温度数据采集通过两个热电偶测量升温过程中料层壁面和中心区域的温度变化。具体设备型号参数见表 5-1。

热电偶的安装步骤如下：首先，使用管堵封住石英管的一端；接着在石英管内装填一半的石油焦；然后利用金属夹将热电偶夹紧，并插入料层中，确保其测量点处于图 5-1 所示的位置；最后，继续添加石油焦，直至石英管被完全填满。

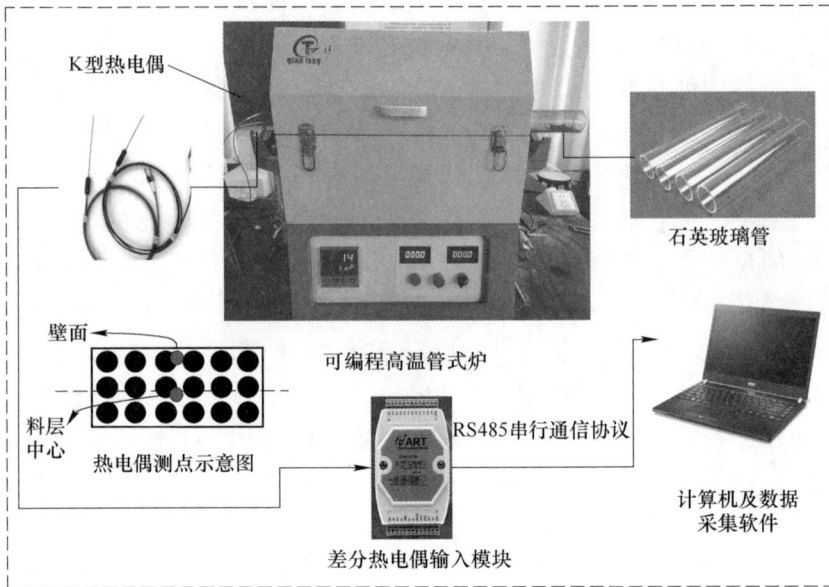

图 5-1   石油焦料层传热实验测试装置

表 5-1   主要实验设备型号和生产厂家

序号	设备名称	型号参数	生产厂家
1	可编程高温管式炉	QGF60	上海黔通仪器科技有限公司
2	石英玻璃管	外径 60 mm，壁厚 3 mm，长 800 mm	东海县东华石英制品有限公司
3	热电偶	K 型 rwrnk-191	北京盛德睿科技有限公司
4	差分热电偶输入模块	DAM3138	北京阿尔泰科技发展有限公司

5.2.2   传热数学模型

将石油焦堆积料层视为等效固体介质，构建石油焦料层固体传热模型，其内部温度场可通过下式求解：

$$\rho c_p \frac{\partial T}{\partial t} = \nabla \cdot (\lambda \nabla T) \tag{5-1}$$

式中，ρ 为堆积料层的密度；c_p 为比热容；λ 为导热系数；T 为温度；t 为时间。

对于圆柱管内热传递过程，可视为一维轴向传热，可用式（5-2）描述：

$$\rho c_p \frac{\partial T}{\partial t} = \frac{1}{r} \frac{\partial}{\partial r}\left(r\lambda \frac{\partial T}{\partial r}\right) \tag{5-2}$$

式中，r 为径向坐标。

石油焦堆积料层在高温条件下，颗粒间存在对流、扩散及辐射传热，且温度越高，辐射传热占比越高。为描述这一过程，模型将导热、辐射和对流三种传热形式的综合作用合并为等效导热系数，并用下式进行描述：

$$\lambda = a + b \cdot T + c \cdot T^2 \tag{5-3}$$

式中，a、b 和 c 为代求变量参数。

对于料层边界，外壁面为 Dirichlet 第一类边界条件，可描述为：

$$T = T_0 \tag{5-4}$$

圆柱轴中心为 Neumann heat flux 第二类边界条件，用式（5-5）描述：

$$-n \cdot q = 0 \tag{5-5}$$

采用有限元法，对式（5-1）进行离散化处理，并转化为线性方程组进行求解计算。

5.2.3 反问题求解算法

针对石油焦颗粒堆积床的导热系数参数求解问题，本书采用导热反问题的研究方法，以理论预测料层中心温度值 $T_{\text{pred},i}$ 与实验测量值 $T_{\text{exp},i}$ 方差最小为目标函数，如下式所示：

$$F(a) = \sum_{i=1}^{n} (T_{\text{pred},i}(a) - T_{\text{exp},i})^2 \quad \text{s. t.} \ I_{a_j} \leqslant a_j \leqslant U_{a_j} \tag{5-6}$$

式中，$F(a)$ 为目标函数；n 为迭代次数；I 为参数取值下限；U 为参数取值上限。

整个求解过程遵循以下步骤：（1）对堆积床导热系数的反演参数 $a = [a_1, a_2, a_3]$ 进行一组随机的初始预测；（2）利用这组预测值，通过求解由式（5-1）～式（5-5）所描述的导热正问题方程组，来获取求解区域的温度分布；（3）根据计算得到的一组温度值 $T_{\text{pred},i}(a)$ 与实测温度值 $T_{\text{exp},i}$，利用式（5-6）来计算目标函数 $F(a)$ 的值；（4）对目标函数 $F(a)$ 是否达到预设的收敛标准进行判断：如果满足目标函数 $F(a)_{n+1} \leqslant \xi$（其中 ξ 为收敛误差限），则反演计算过程结束；如果不满足，则采用 Levenberg-Marquardt 优化算法对反演参数进行调整获得新的 a_j 参数，并重复步骤（2）～步骤（4），直到目标函数 $F(a)$ 满足收敛条件为止。具体算法流程如图 5-2 所示。

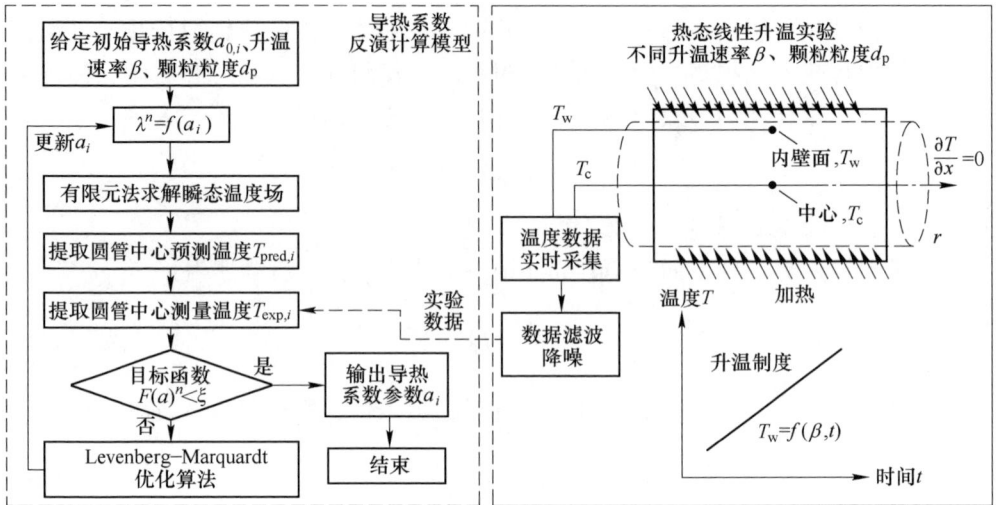

图 5-2　导热系数参数估计算法流程图

5.3　实验原料及实验条件

在求解式（5-1）~式（5-5）过程中，所需物性参数包括堆积料层密度、导热系数、比热容。因此，对以上参数进行了测量。

5.3.1　密度

对第 4 章中松装密度及等效粒径的数据进行数据拟合，采用量筒法[139]测量石油焦的堆积密度，测得石油焦颗粒平均堆积密度为 931 kg/m³。

5.3.2　比热容

蓝宝石法用于测比热容时，采用等温-升温-等温的三阶段测试流程，具体操作步骤如下：在设定的 10 ℃/min 升温速率和 99.999% 纯度的氩气气氛条件下，首先使 DSC 的样品室保持为空置状态，进行一次扫描以获得基线数据。然后，将质量为 m_1、且比热容为 c_{p_1} 的标准蓝宝石样品置于样品室内，再次进行 DSC 扫描以记录相应的曲线。完成蓝宝石样品的测试后，将其从样品室中取出，并替换成质量为 m_2、其比热容未知的待测样品，进行最终的 DSC 曲线测试。

$$c_{p_2} = \frac{DSC_2 - DSC_0}{DSC_1 - DSC_0} \cdot \frac{m_1}{m_2} \cdot c_{p_1} \qquad (5-7)$$

式中，m_1 为蓝宝石质量，mg；m_2 为样品质量，mg；DSC_0 为温度 T_1 时基线的 DSC 值；DSC_1 为温度 T_1 时蓝宝石的 DSC 值；DSC_2 为温度 T_1 时待测样品的 DSC 值；c_{p_1} 为蓝宝石的比热容，J/(mg·K)；c_{p_2} 为待测样品的比热容，J/(mg·K)。

通过蓝宝石法测比热容，获得煅后石油焦的比热容数据如图 5-3 所示，拟合获得锻后石油焦比热容经验公式：

$$c_p = 97.35 + 2.62T \quad J/(kg \cdot K) \tag{5-8}$$

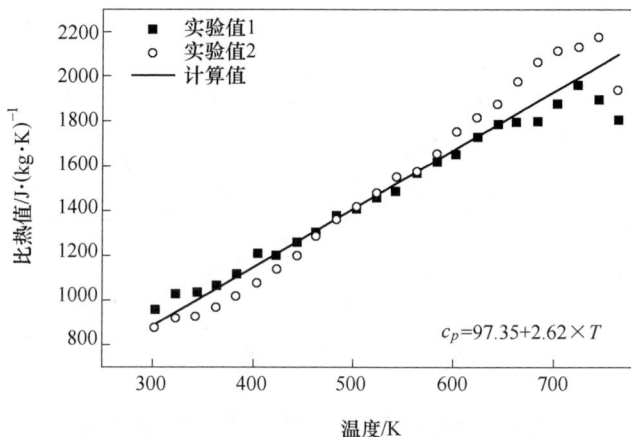

图 5-3 蓝宝石法测定煅后石油焦比热容

5.3.3 石油焦块体导热系数

采用激光热扩散/导热系数测试仪（LFA427，NETZSCH，德国），测定石油焦的热扩散系数、导热系数随温度的变化情况。激光闪射法作为一种瞬态方法，其原理为：激光源发射一束脉冲照射到样品底端，样品受激光束能量作用瞬间升温（热端），其热量由热端向冷端传播，通过传感器实时检测冷端的温度变化，则温度 T 下样品的热扩散系数可表示为：

$$D = 0.1388 \times d^2/t_{50} \tag{5-9}$$

式中，D 为热扩散系数；d 为样品的厚度；t_{50} 为半升温时间。

导热系数可通过下式计算：

$$\lambda_{(T)} = D_{(T)} \cdot \rho_{(T)} \cdot c_{p_{(T)}} \tag{5-10}$$

式中，λ 为导热系数；ρ 为石油焦的表观密度；c_p 为比热容。

采用激光闪射法（LFA）测量煅后石油焦块体导热系数及热扩散系数。测试条件为：试样尺寸为 10 mm×10 mm×1.0 mm，测试温度点为 50 ℃、150 ℃、

250 ℃、350 ℃、450 ℃、550 ℃、650 ℃、750 ℃，高纯氩气（99.999%）气氛。

　　图 5-4 所示为采用激光闪射法（LFA）获得的煅后石油焦块体导热系数及热扩散系数随温度的变化曲线。由图 5-4 可知，导热系数随着温度的升高呈现不断增加的趋势，而热扩散系数随着温度的升高呈现不断下降的趋势。在 50～750 ℃温度范围内，煅后石油焦块体导热系数从 5.9 W/(m·K) 升高至 8.2 W/(m·K)，经多项式拟合获得导热系数的经验公式为 $\lambda = 5.145 + 0.0031T$。

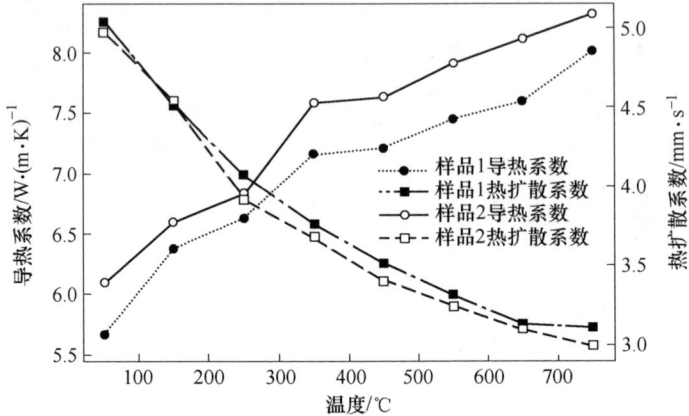

图 5-4　激光闪射法导热系数随温度变化曲线

5.3.4　实验条件

　　考察颗粒粒径、升温速率、温度对石油焦堆积料层导热特性影响规律，其中石英管内石油焦填充长度为 500 mm，热电偶置于石英管中段轴心及管内壁处。

　　基于搭建的实验装置开展了不同粒度（2.5～3.2 mm（6～8 目）、2.0～2.5 mm（8～10 目）、1.6～2.0 mm（10～12 目）、1.25～1.6 mm（12～16 目）、1.0～1.25 mm（16～18 目））、升温速率（10 ℃/min、15 ℃/min、20 ℃/min）下的石油焦料层从常温线性升温至 1000 ℃ 的传热实验，通过温度采集模块实时采集两个热电偶的温度值。具体实验条件见表 5-2。

表 5-2　实验条件

实验条件	粒 度 范 围	圆管内径/mm	升温速率/℃·min⁻¹
1	2.5～3.2 mm（6～8 目）	54	10
2	2.0～2.5 mm（8～10 目）	54	10
3	1.6～2.0 mm（10～12 目）	54	10
4	1.25～1.6 mm（12～16 目）	54	10

实验条件	粒 度 范 围	圆管内径/mm	升温速率/℃·min⁻¹
5	1.0~1.25 mm（16~18目）	54	10
6	0.5~0.8 mm（24~35目）	54	10
7	2.5~3.2 mm（6~8目）	54	15
8	2.0~2.5 mm（8~10目）	54	15
9	1.6~2.0 mm（10~12目）	54	15
10	1.25~1.6 mm（12~16目）	54	15
11	1.0~1.25 mm（16~18目）	54	15
12	0.5~0.8 mm（24~35目）	54	15
13	2.5~3.2 mm（6~8目）	54	20
14	2.0~2.5 mm（8~10目）	54	20
15	1.6~2.0 mm（10~12目）	54	20
16	1.25~1.6 mm（12~16目）	54	20
17	1.0~1.25 mm（16~18目）	54	20
18	0.5~0.8 mm（24~35目）	54	20

5.4 导热特性实验数据分析

5.4.1 料层温度

图 5-5 所示为 1.6~2.0 mm（10~12目）颗粒料层在管式炉内以 10 ℃/min 速率线性升温内外温度曲线。由图 5-5 可知，随着温度的升高，料层内外温差呈现先增加后下降的规律，到 700 K 时达到温差的最大值 88 K。这是由于颗粒堆积床内的导热是热传导、热对流和热辐射综合作用的结果。在升温初期，由于石油焦松散料层的传热性能较差，外部热源提供的热量传递至料层内部需一定的时间，因此内外温差逐渐增大。随着温度的升高，粉料颗粒之间的热传导作用逐渐增强，热量开始更有效地从外层传递到内层，导致内外温差逐渐减小。此外，在升温过程中，热辐射的作用逐渐增强，料层导热性能增加，这有助于减少内外温差。

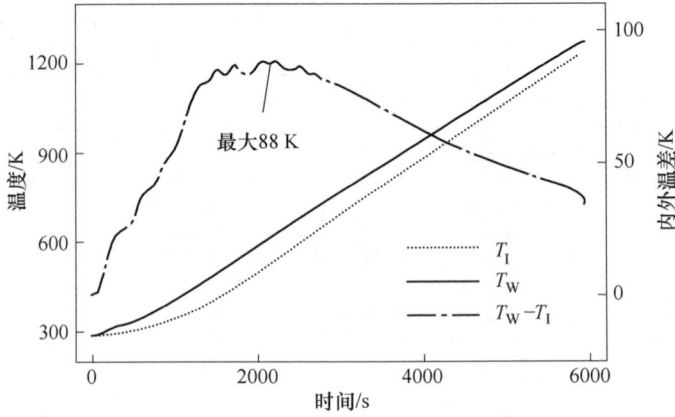

图 5-5　料层以 10 ℃/min 速率线性升温内外温度曲线（10~12 目）

5.4.2　升温速率

图 5-6 所示为 1.6~2.0 mm（10~12 目）石油焦料堆积床以 10 ℃/min、15 ℃/min

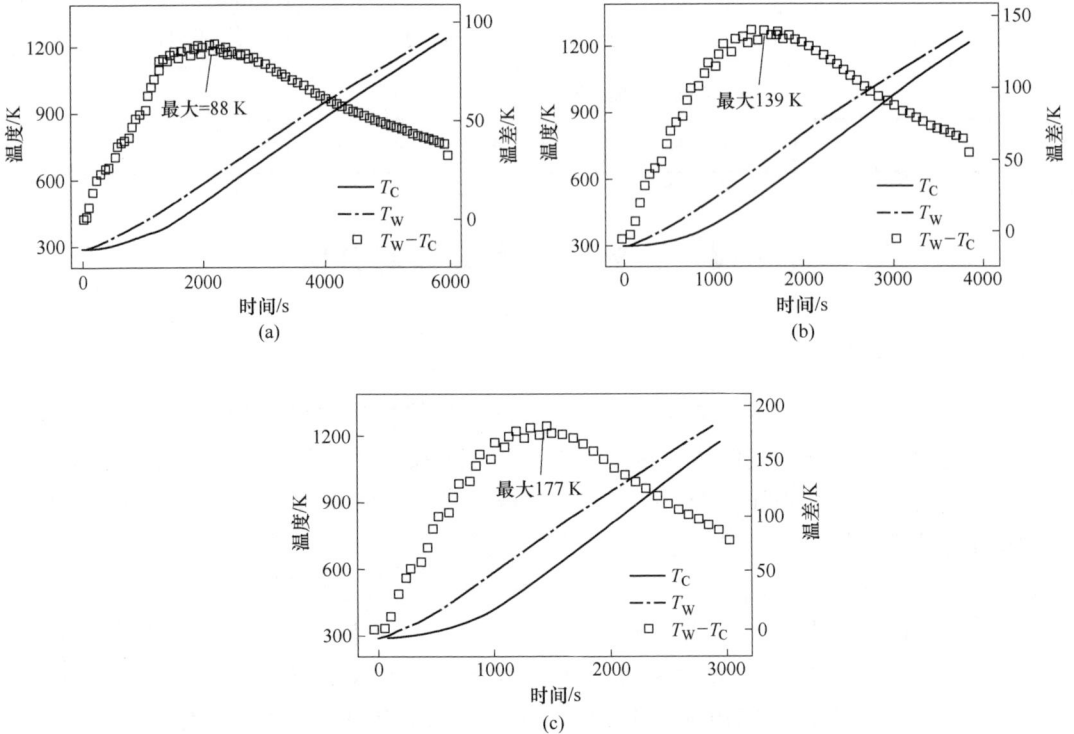

(a)

(b)

(c)

图 5-6　石油焦料层常温到 1000 ℃的线性升温实验圆管中心和管内壁温度曲线（10~12 目）

（a）10 ℃/min；（b）15 ℃/min；（c）20 ℃/min

和 20 ℃/min 从室温升至 1000 ℃时实验圆管中心和管内壁温度曲线。由图 5-6 可知,随着升温速率由 10 ℃/min 增加到 20 ℃/min,料层内外最大温差由 88 K 上升到 177 K。这是由于料层导热能力较差的情况下,升温速率越快,外壁热量不能及时传递至圆管中心,导致内外温差逐渐增加。

图 5-7 所示为不同粒径和加热速率下石油焦堆积床壁面与中心之间的温差关系图,由图 5-7 可知,以 2.5~3.2 mm(6~8 目)的石油焦颗粒堆积床为例,在 10 ℃/min、15 ℃/min 和 20 ℃/min 的升温速率下,堆积床料层中心和壁面的温差分别为 81.9 K、126.4 K 和 159.5 K。而 15 ℃/min 和 20 ℃/min 的升温速率下的温差是 10 ℃/min 的 1.5 倍和 1.9 倍。其他粒度的颗粒堆积床也发现了类似的规律。由此可知,随着升温速度由 10 ℃/min 增加到 20 ℃/min,温差与升温速率呈良好的线性比例关系。

5.4.3 料层颗粒粒度

图 5-8 所示为不同粒度条件下的石油焦颗粒堆积床料层中心和壁面的温度变化曲线。由图 5-8 可知,在 20 ℃/min 线性升温速率条件下,除 2.5~3.2 mm(6~8 目)的工况外,料层壁面和中心的温差随着颗粒粒度下降而逐渐增加,从 138 K 上升到 215 K。即颗粒尺寸越小,其料层导热能力越差。这是因为,尽管小粒径颗粒具有更大的比表面积,但由于接触热阻的增加、热对流受限及辐射传热效率的降低,其导热能力可能反而不如大粒径颗粒。因此,在线性升温过程中,小粒径石油焦料层内外温差更大。

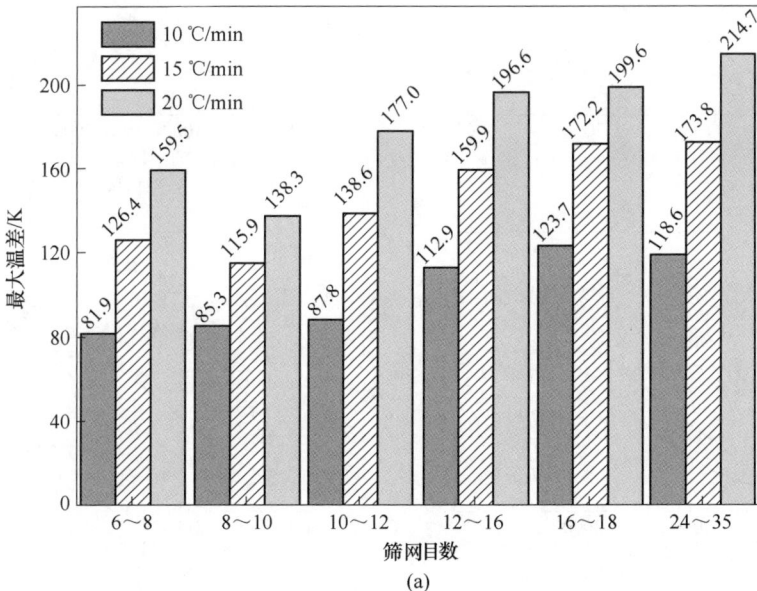

(a)

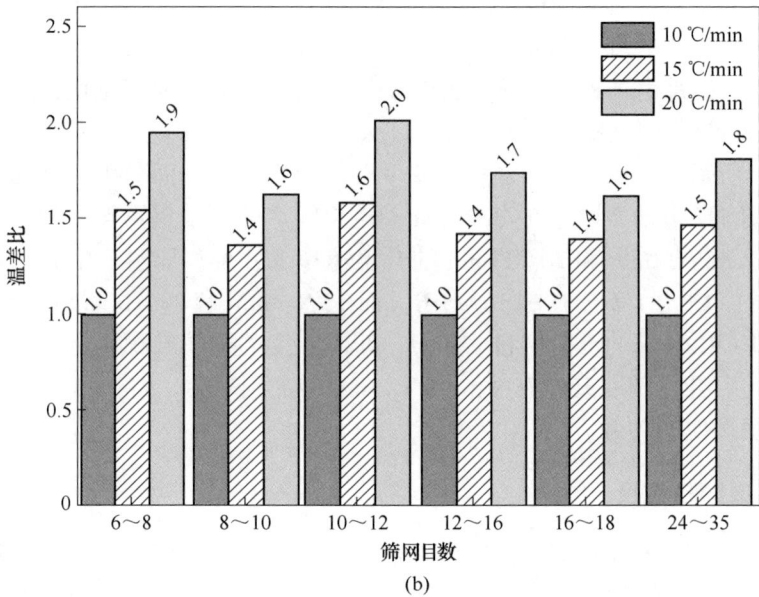

(b)

图 5-7　不同粒度（筛网目数）及升温速率条件下料层内外温差关系

（a）最大温差；（b）温差比

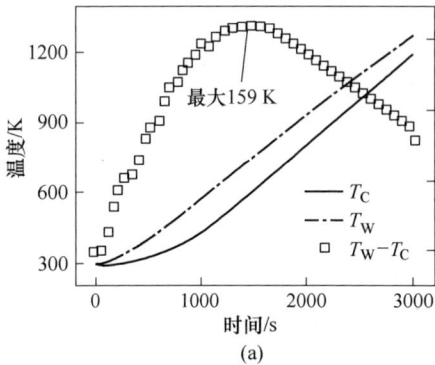

(a)

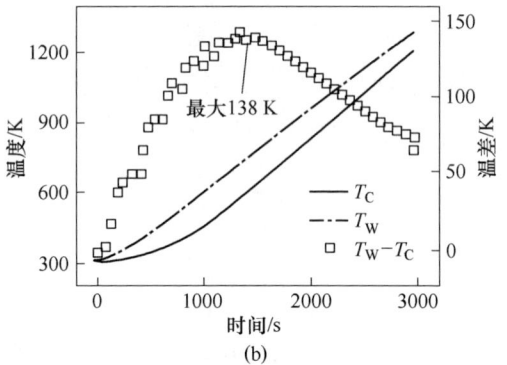

(b)

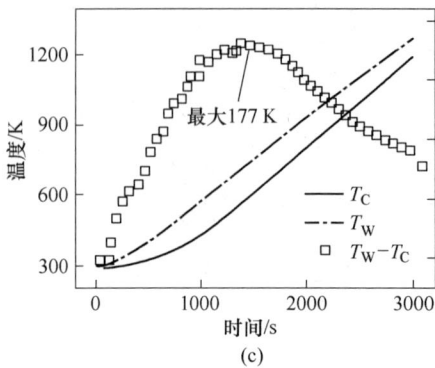

(c)

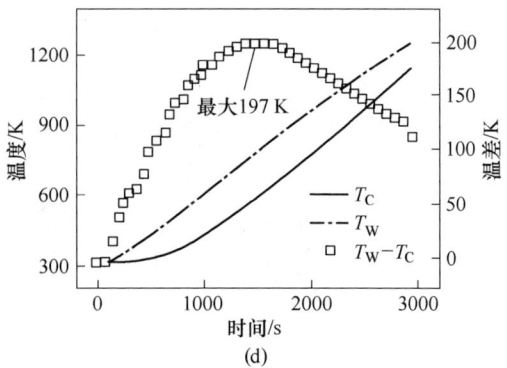

(d)

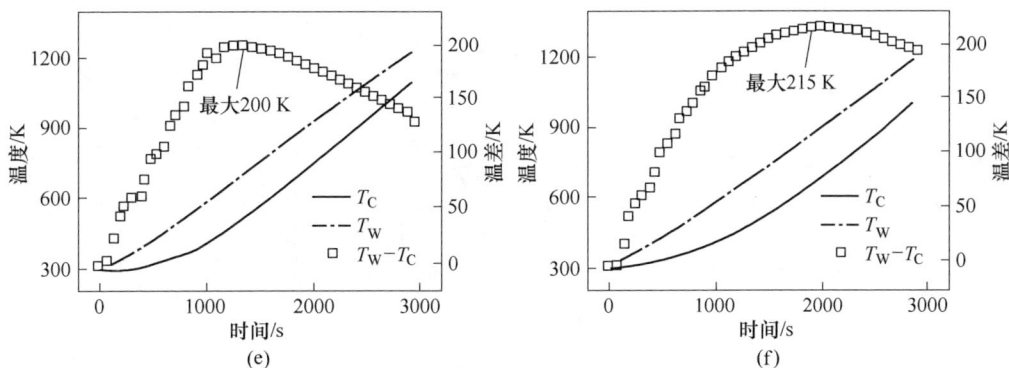

图 5-8　不同粒径（筛网目数）的石油焦颗粒堆积床的中心和
壁面温度关系曲线（室温至 1000 ℃，20 ℃/min）
（a）6~8 目；（b）8~10 目；（c）10~12 目；（d）12~16 目；（e）16~18 目；（f）24~35 目

5.5　有效导热系数反演

5.5.1　有效导热系数计算

基于建立的参数估计计算模型，对 10 ℃/min、15 ℃/min、20 ℃/min 线性升温速率条件下不同石油焦粒度的升温实验数据进行参数估计，获得不同实验条件下的等效导热系数，并将式（5-11）代入 18 组升温实验条件（3 个升温速率、6 个粒度）。

$$\lambda = (A + B \cdot T + C \cdot T^2) \times (d_p)^D \qquad (5-11)$$

式中，A、B、C 为待求变量。

采用 Levenberg-Marquardt 算法，计算获得的导热系数值如下式所示：

$$\lambda = (12.799 - 2.792 \times 10^{-2}T + 5.561 \times 10^{-5}T^2) \times (d_p)^{0.553} \qquad (5-12)$$

图 5-9 展示了不同粒度的石油焦堆积床在 10 ℃/min 升温速率条件下的温度

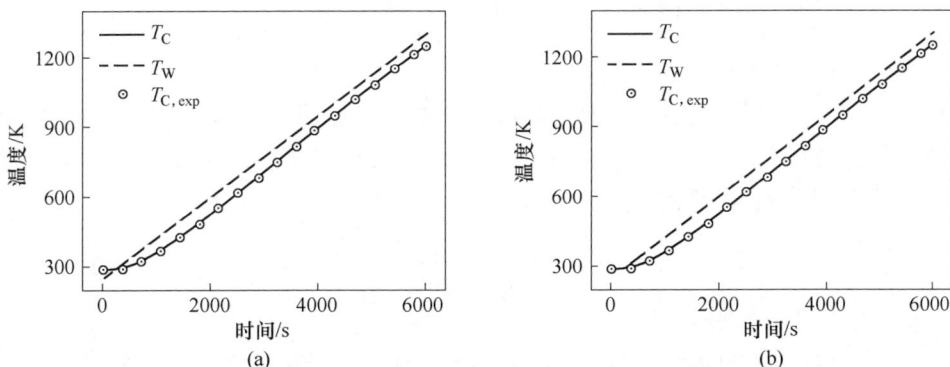

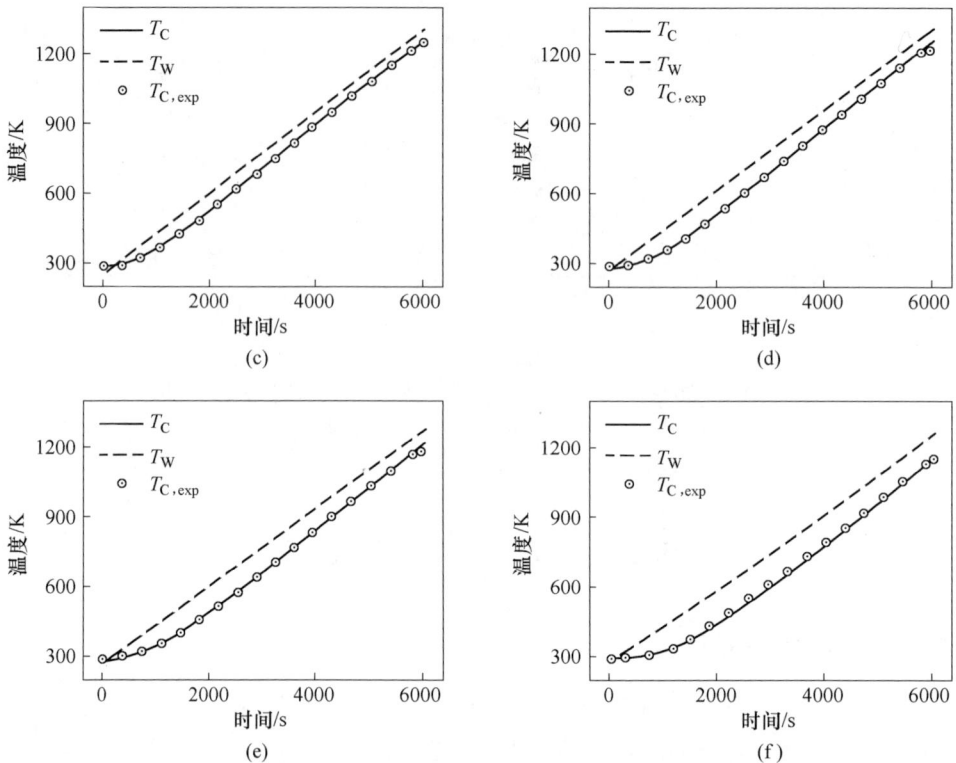

图 5-9   不同粒度（筛网目数）的石油焦床层温度变化曲线实验值与计算值对比（10 ℃/min）
　　（a）6~8 目；（b）8~10 目；（c）10~12 目；（d）12~16 目；（e）16~18 目；（f）24~35 目

实验值与预测值对比。图 5-10 给出了不同粒度的石油焦床层温度值实验值与预测值的线性回归关系。由图 5-9 和图 5-10 可知，实验温度值与预测值相关系数 $R^2 > 0.996$，表明采用参数估计方法获得的导热系数关系式与实验测试值吻合度良好，具有较好的可信度。

5.5.2   有效导热系数模型

5.5.2.1   串联模型

将料层导热等效为两个串联的电阻，热流方向与固体和流体区域界面垂直。热流首先通过固体区域，随后通过流体区域，此时多孔介质被视为一个导热通道，串联模型等效导热系数为：

$$\frac{1}{\lambda_{eff}} = \frac{\alpha}{\lambda_f} + \frac{1 - \alpha}{\lambda_s} \tag{5-13}$$

5.5.2.2   并联模型

采用与串联模型同样的等效思想去考虑多孔介质模型，近似认为热流从两边

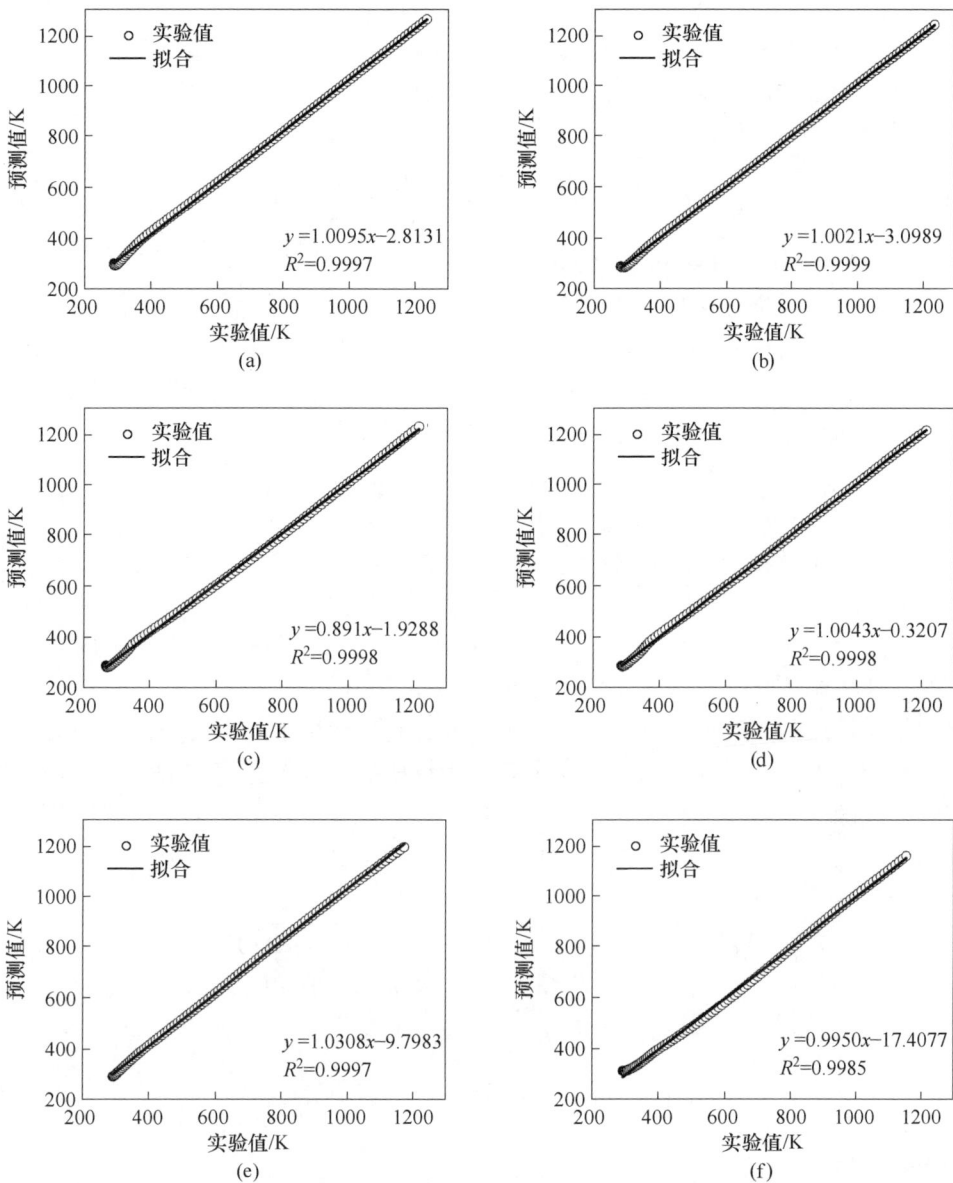

图 5-10 基于导热反问题求解温度值与实验数据的线性回归线（10°C/min）

（a）6~8 目；（b）8~10 目；（c）10~12 目；（d）12~16 目；（e）16~18 目；（f）24~35 目

沿着流体和固体区域流入，借助等效电阻理论，并联模型可描述为：

$$\lambda_{eff} = \alpha\lambda_f + (1 - \alpha)\lambda_s \tag{5-14}$$

5.5.2.3 Bruggeman 模型

等效介质理论（effective medium theory，EMT）是研究复合介质材料整体介电常数的一种主要理论，主要包括 4 种：Maxwell-Garnett 理论、Bruggeman 理论、微分有效介质理论和 Ping Sheng 理论[164]。将其应用在求解多孔介质和求解有效导热系数上，在主相和分散相体积相当时，即为 Bruggeman 模型适用情况[165-166]，公式可描述为：

$$(1 - \alpha) \frac{\lambda_1 - \lambda}{\lambda_1 + 2\lambda} + \alpha \frac{\lambda_2 - \lambda}{\lambda_2 + 2\lambda} = 0 \tag{5-15}$$

5.5.2.4 Maxwell-Garnett 模型

Maxwell[167]推导了均匀连续介质的等效电导率计算公式，其模型为随机分布球形粒子填充的复合介质材料。由于热导率和电导率具有相似性，在研究弥散微结构的时候，常用到 Maxwell-Garnett 模型（MG 模型）[168-169]。模型认为相 1 为主导相，即相 2 均匀分布在介质 1 中，计算表达式为：

$$\frac{\lambda - \lambda_1}{\lambda + 2\lambda_1} = \alpha \frac{\lambda_2 - \lambda_1}{\lambda_2 + 2\lambda_1} \tag{5-16}$$

式中，λ_1 为主导相的导热系数；λ_2 为分散相的导热系数。

5.5.2.5 ZBS 模型

有效导热系数（Zehner-Bauer-Schlunder，ZBS）模型是基于填充床内热量传递的复杂机制[170-171]。该模型深入考虑了固体颗粒间的热传导，以及颗粒与流体间的热交换过程。通过理论分析和实验研究，它推导出了一个能够反映填充床整体热传导性能的有效导热系数。这个系数不仅取决于固体和流体的物性，还与填充床的孔隙率、颗粒形状和排列方式密切相关。该模型在工程上被广泛应用于计算填充床内能量传输方程的有效导热系数[172-173]。其公式为：

$$\frac{\lambda_{\text{eff}}}{\lambda_{\text{f}}} = \left(1 - \sqrt{1 - \alpha}\right) + \sqrt{1 - \alpha} \frac{2}{1 - (\lambda_{\text{f}}/\lambda_{\text{s}}) B} \cdot$$

$$\left\{ \frac{(1 - \lambda_{\text{f}}/\lambda_{\text{s}}) B}{[1 - (\lambda_{\text{f}}/\lambda_{\text{s}}) B]^2} \cdot \ln \frac{\lambda_{\text{s}}}{\lambda_{\text{f}} B} - \frac{B - 1}{2} - \frac{B - 1}{1 - (\lambda_{\text{f}}/\lambda_{\text{s}}) B} \right\} +$$

$$\left(1 - \sqrt{1 - \alpha}\right) \frac{\lambda_{\text{r}}}{\lambda_{\text{f}}} + \sqrt{1 - \alpha} \left(\frac{\lambda_{\text{f}}}{\lambda_{\text{r}}} + \frac{\lambda_{\text{f}}}{\lambda_{\text{s}}} \right)^{-1} \tag{5-17}$$

其中：

$$\lambda_{\text{r}} = 4\sigma \frac{\varepsilon}{1 - \varepsilon} T^3 d_{\text{p}} \tag{5-18}$$

式中，λ_{eff} 为静止流体中填充床的有效热导率；λ_{f} 为气体导热系数；λ_{s} 为颗粒导热系数；B 为变形参数；λ_{r} 为有效热导率的辐射分量；ε 为壁面发射率，取 0.8。

5.5.2.6 Kunii-Smith 模型

Kunii-Smith 模型（KS 模型）是基于填充球单元的一维热扩散模型，假定热流是单向的，包括有导热和辐射的两种热传导方式的板式排列模型[174]。KS 模型综合了固体颗粒和流体的热物性、颗粒的形状与排列方式等多种因素。对于用于固定床流体静止的有效导热系数[172,175]可描述为：

$$\frac{\lambda_{eff}}{\lambda_f} = \alpha\left(1 + \frac{h_{rv}d_p}{\lambda_f}\right) + \frac{1-\alpha}{1/(1/\phi + h_{rs}d_p/\lambda_f) + \frac{2}{3}(\lambda_f/\lambda_s)} \tag{5-19}$$

其中：

$$h_{rv} = 4\sigma\left[\frac{1}{1 + \left[\frac{\alpha}{2}(1-\alpha)\right]\left[(1-\varepsilon)/\varepsilon\right]}\right]T^3 \tag{5-20}$$

$$h_{rs} = 4\sigma\frac{\varepsilon}{1-\varepsilon}T^3 \tag{5-21}$$

$$\phi = \phi_1 + (\phi_1 - \phi_2)\frac{\alpha - 0.260}{0.216} \tag{5-22}$$

$$\phi_1 = 0.352\left(\frac{\lambda_s/\lambda_f - 1}{\lambda_s/\lambda_f}\right)^2 \cdot \left\{\ln\left[\frac{\lambda_s}{\lambda_f} - 0.545\left(\frac{\lambda_s}{\lambda_f} - 1\right)\right] - 0.455\frac{k_s/k_f - 1}{k_s/k_f}\right\}^{-1} - \frac{2}{3k_s/k_f} \tag{5-23}$$

$$\phi_2 = 0.072\left(\frac{\lambda_s/\lambda_f - 1}{\lambda_s/\lambda_f}\right)^2 \cdot \left\{\ln\left[\frac{\lambda_s}{\lambda_f} - 0.925\left(\frac{\lambda_s}{\lambda_f} - 1\right)\right] - 0.075\frac{\lambda_s/\lambda_f - 1}{\lambda_s/\lambda_f}\right\}^{-1} - \frac{2}{3\lambda_s/\lambda_f} \tag{5-24}$$

式中，h_{rv} 为空隙到空隙之间的热辐射传热系数；ϕ 为两个固体颗粒接触点附近流体膜的有效厚度的度量；h_{rs} 为固体表面到固体表面的热辐射传热系数。

5.5.3 不同等效导热系数模型对比分析

图 5-11 所示为基于导热反问题求解的导热系数值与经典有效导热系数模型预测值和文献测量值对比。由图 5-11 可知，石油焦导热系数随温度升高而增加，随着颗粒粒度的下降导热系数逐渐降低，这一结论与文献[21，145]的结论相吻合。同时，本书通过对比不同有效导热系数模型，发现 Bruggeman 模型和 MG 模型由于忽略了粒度对导热系数的影响，其预测效果与实验值偏差较大。ZBS 模型、KS 模型估算的导热系数与本研究结合实验与导热反问题求得的等效导热系数的值区间存在一定的重叠，其中 KS 模型预测的导热系数与实验数据反推的导热系数最为吻合。

5.5.4 有效导热系数模型修正

为提升 KS 模型的在石油焦堆积床层导热系数预测方面的适用性，引入等效

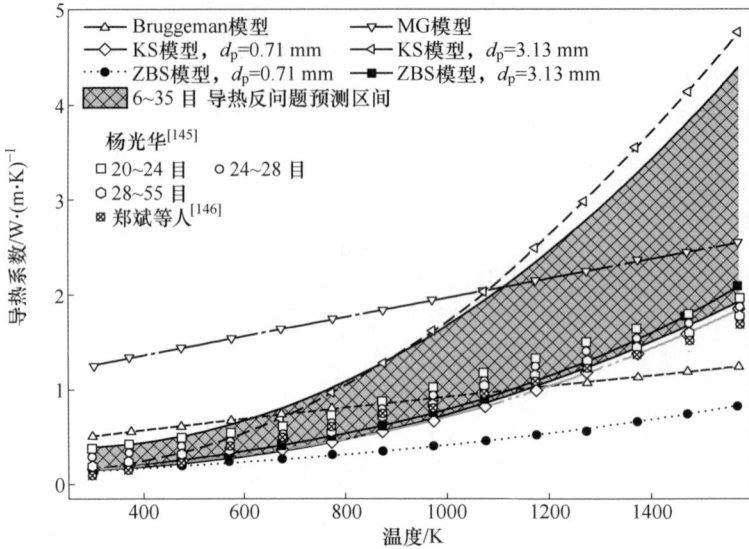

图 5-11　基于导热反问题求解的导热系数值与典型等效导热系数模型预测值和文献值对比

粒度修正系数 φ 对 KS 模型进行参数修正，如式（5-25）和式（5-26）所示。在此基础上，基于本研究计算获得的导热系数值，采用非线性 GRG 算法，拟合获得 φ 值为 0.941。

$$\frac{\lambda_e^0}{\lambda_f} = \alpha\left(1 + \frac{h_{rv}d_p^*}{\lambda_f}\right) + \frac{1 - \alpha}{1/(1/\phi + h_{rs}d_p^*/\lambda_f) + 2/[3(\lambda_f/\lambda_s)]} \tag{5-25}$$

$$d_p^* = \varphi d_p \tag{5-26}$$

图 5-12 所示为采用修正后的 KS 模型计算不同粒度料层导热系数及预测的料层中心温度变化曲线。由图 5-12 可知，修正后的 KS 模型与本书基于导热反问题

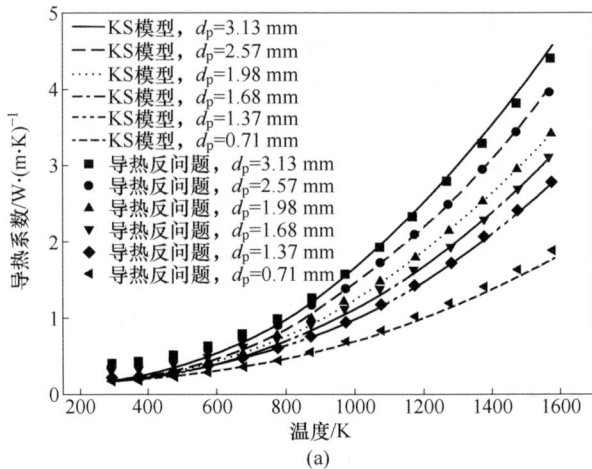

(a)

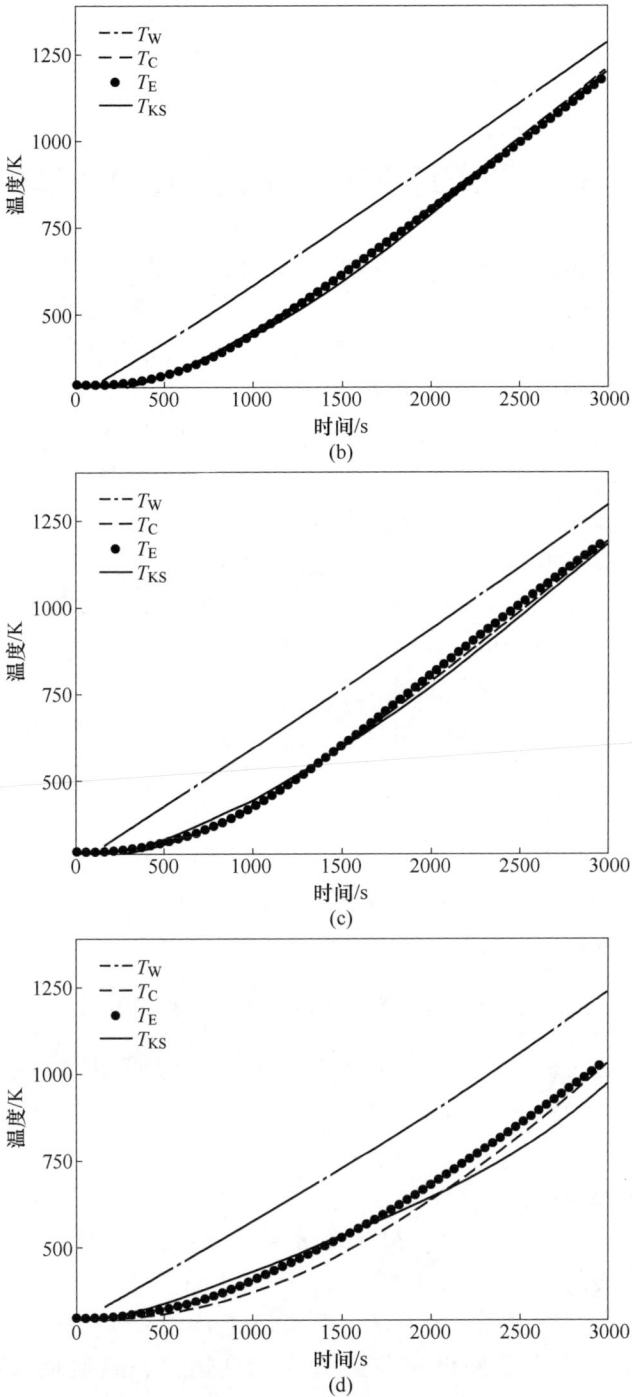

图 5-12　修正后的 KS 模型计算不同粒度料层导热系数值及预测的料层中心温度变化曲线（20 ℃/min）
(a)　导热系数变化曲线；(b)　预测中心温度曲线，6~8 目；
(c)　预测中心温度曲线，10~12 目；(d)　预测中心温度曲线，24~35 目

反推的获得导热系数值与实验测量值的基本吻合，除粒度为 0.5~0.8 mm（24~ 35目）的料层升温曲线在高温段（>600K）偏差较大外，其他粒度的升温曲线基本重叠。

5.6　料层孔隙尺度下气固辐射传热仿真模型

石油焦颗粒堆积料层中石油焦颗粒处于密相堆积状态，热量传递存在颗粒内部传热、颗粒间接触面导热、气体-颗粒对流传热、颗粒表面之间辐射传热、相邻颗粒间隙中流体-流体的热辐射等 5 种传热方式。在低温条件下，辐射传热可以忽略，颗粒间接触导热和气体-颗粒传热是传热的主要方式[176]，在罐式炉内，颗粒平均温度较高（大于1000 K），辐射传热远高于接触导热传热。

为进一步探明石油焦堆积料层孔隙尺度下传热机理，研究构建孔隙尺度传热数值仿真模型，在建立模型时作如下基本假设：

（1）石油焦颗粒在罐式炉内主要与流经的挥发分气体进行对流换热及颗粒-流体-颗粒辐射换热，在微小单元内颗粒与邻近颗粒表面等温辐射换热；

（2）石油焦外部吸收的热量由表面向颗粒中心传递扩散；

（3）石油焦颗粒在受热热解过程中体积恒定[177]；

（4）石油焦受热过程为瞬态过程。

5.6.1　数值仿真模型

层流连续性控制方程

$$\rho \nabla \cdot \boldsymbol{u} = 0 \tag{5-27}$$

动量控制方程：

$$\rho \frac{\partial \boldsymbol{u}}{\partial t} + \rho (\boldsymbol{u} \cdot \nabla) \boldsymbol{u} = -\nabla p + \nabla \cdot \{\mu [\nabla \boldsymbol{u} + (\nabla \boldsymbol{u})^{\mathrm{T}}]\} + \boldsymbol{F} \tag{5-28}$$

对于速度场的边界条件设定主要分为入口、出口及侧边界。入口边界条件为速度入口，可描述为：

$$\boldsymbol{u} = -U_0 \boldsymbol{n} \tag{5-29}$$

压力出口边界条件：

$$(-p\boldsymbol{I} + \boldsymbol{K})\boldsymbol{n} = -p_0 \boldsymbol{n} \tag{5-30}$$

固体和流体传热

$$\rho c_p \boldsymbol{u} \cdot \nabla T - \nabla \cdot (\lambda \nabla \boldsymbol{T}) = Q \tag{5-31}$$

对于速度场的边界条件设定主要分为温度边界、热通量边界，温度边界条件：

$$T = T_0 \tag{5-32}$$

对称边界条件:

$$-\boldsymbol{n} \cdot \boldsymbol{q} = 0 \tag{5-33}$$

参与介质中的辐射控制性方程,热辐射采用 P1 近似模型:

$$\nabla \cdot (-D_{P1} \nabla \boldsymbol{G}) = -\kappa(\boldsymbol{G} - 4\pi I_b) \tag{5-34}$$

$$Q_r = \kappa(\boldsymbol{G} - 4\pi I_b) \tag{5-35}$$

不透明壁面边界条件:

$$\boldsymbol{n} \cdot (-D_{P1} \nabla \boldsymbol{G}) = \frac{\varepsilon}{2(2-\varepsilon)}(4\pi I_{b, w} - \boldsymbol{G}) \tag{5-36}$$

对上述质量、动量、能量及辐射控制方程构成的偏微分方程组,采用有限元法进行离散化处理,并通过线性方程组直接求解方法进行计算。

5.6.2 几何造型及网格划分

图 5-13 所示为石油焦料层孔隙结构阻力特性仿真技术路线示意图。由图5-13可知,首先通过工业 CT 扫描获得三维图像,随后进行区域截取获得典型二维结构,采用数值仿真软件,针对搭建的非球形石油焦颗粒料层孔隙传热过程进行数值建模。

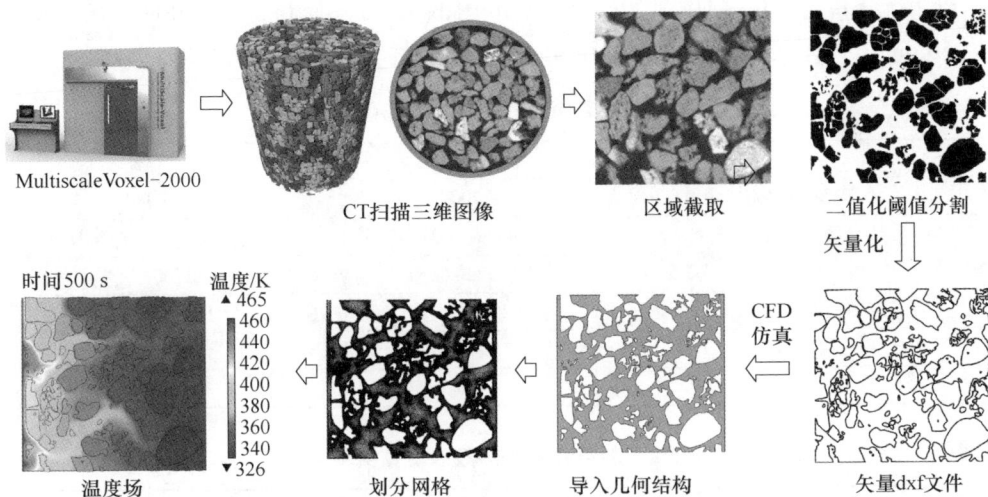

图 5-13 传热实验二维仿真技术路线

图 5-14 所示为典型堆积料层网格划分,所用几何体网格划分均采用三角形网格,其中绿色区域为孔隙流体区域,蓝色为固体离散颗粒区域。针对该二维料层堆积结构网格单元数为 184839 个,最小单元质量 0.3359,平均单元质量为 0.8161。

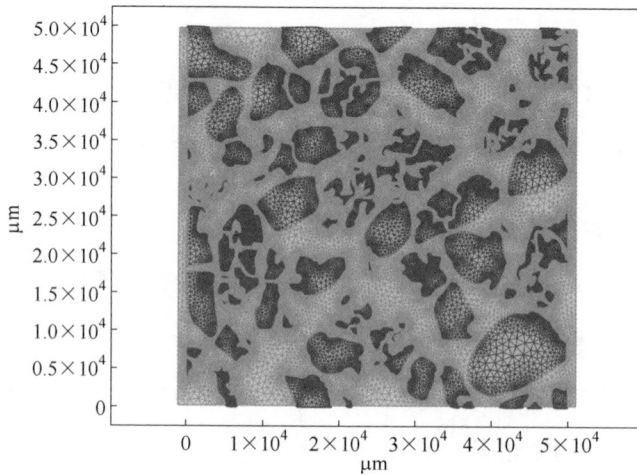

图 5-14   典型工况条件下的网格划分

5.6.3   模型使用的物性参数及仿真实验条件

模拟过程中涉及的物性参数见表 5-3，线性升温的数值仿真实验条件见表 5-4。基础工况条件为 A1，粒度为 1.6~2.0 mm（10~12 目）原料，二维几何结构长宽均为 50 mm，气体从左侧进入，左侧为温度壁面条件，升温速率为 20 ℃/min。

表 5-3   料层孔隙尺寸导热仿真实验物性参数

类　　型	石油焦颗粒	气　　体
密度/kg·m⁻³	1700	1.293×298/T
导热系数/W·(m·K)⁻¹	5.145+0.0031×T	(0.0086+0.0864×T)×10⁻³
比热/J·(kg·K)⁻¹	97.35+2.62×T	1100
运动黏度/Pa·s	0	1.8×10⁻⁵
吸收系数/m⁻¹	—	0.3
表面辐射率	0.8	—

表 5-4   料层孔隙传热数值仿真实验条件

考察类型	实验条件	筛网目数	方形尺寸 /mm	升温速率 /℃·min⁻¹	气体流速 /m·s⁻¹	开启辐射模型
传热影响因素	A1	10~12	50	20	0.00	是
	A2	10~12	50	20	0.00	否
	A3	10~12	50	20	0.06	是
	A4	10~12	50	20	0.06	否

考察类型	实验条件	筛网目数	方形尺寸 /mm	升温速率 /℃·min⁻¹	气体流速 /m·s⁻¹	开启 辐射模型
颗粒粒度	D2	2~3	50	20	0.00	是
	D4	4~6	50	20	0.00	是
	D6	6~8	50	20	0.00	是
	A1	10~12	50	20	0.00	是
气体流速	A1	10~12	50	20	0.00	是
	V2	10~12	50	20	0.02	是
	V4	10~12	50	20	0.04	是
	A3	10~12	50	20	0.06	是

5.7 石油焦料层传热仿真实验分析

在一定的孔隙尺度下，料层温度、颗粒粒径及形貌、孔隙内气体流动均对料层导热性能存在影响，为此，本节研究基于数值仿真技术查明了孔隙尺度下气体渗流规律及气体迁移路径。

5.7.1 传热影响因素权重

图 5-15 所示为 1.6~2.0 mm（10~12 目）粒度条件下不同传热模型中心温度

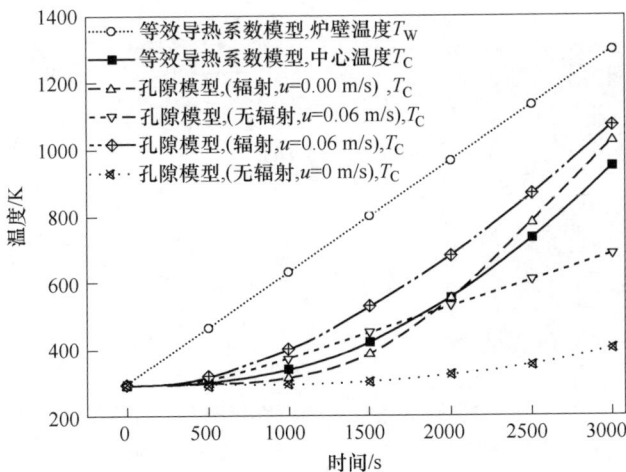

图 5-15 不同传热模型条件下温度对比

随时间变化曲线。由图 5-15 可知，料层导热过程中在高温条件下主要受热辐射作用，与导热实验温度对比发现，采用孔隙模型与实验结果最为吻合，表明料层导热颗粒间热辐射起主导作用。

5.7.2 颗粒粒度

石油焦堆积料层颗粒间隙结构与颗粒粒度及形貌紧密相关，为探明颗粒粒径对料层传热系数的影响规律，本节研究考察了颗粒粒径为 8.0~12.5 mm（2~3目）、3.2~5.0 mm（4~6目）、2.5~3.2 mm（6~8目）、1.6~2.0 mm（10~12目）四个工况（工况编号：D2、D4、D6、A1）条件下的料层温度场。

图 5-16~图 5-19 所示分别为粒度为 8.0~12.5 mm（2~3目）、3.2~5.0 mm（4~6目）、2.5~3.2 mm（6~8目）、1.6~2.0 mm（10~12目）条件下颗粒堆积层温度场变化结果。由图 5-16 可知，石油焦床层堆积缝隙中存在的挥发分气体热辐射是料层热量传递的主要途径，在左侧气体入口带入的气流作用下，缝隙气

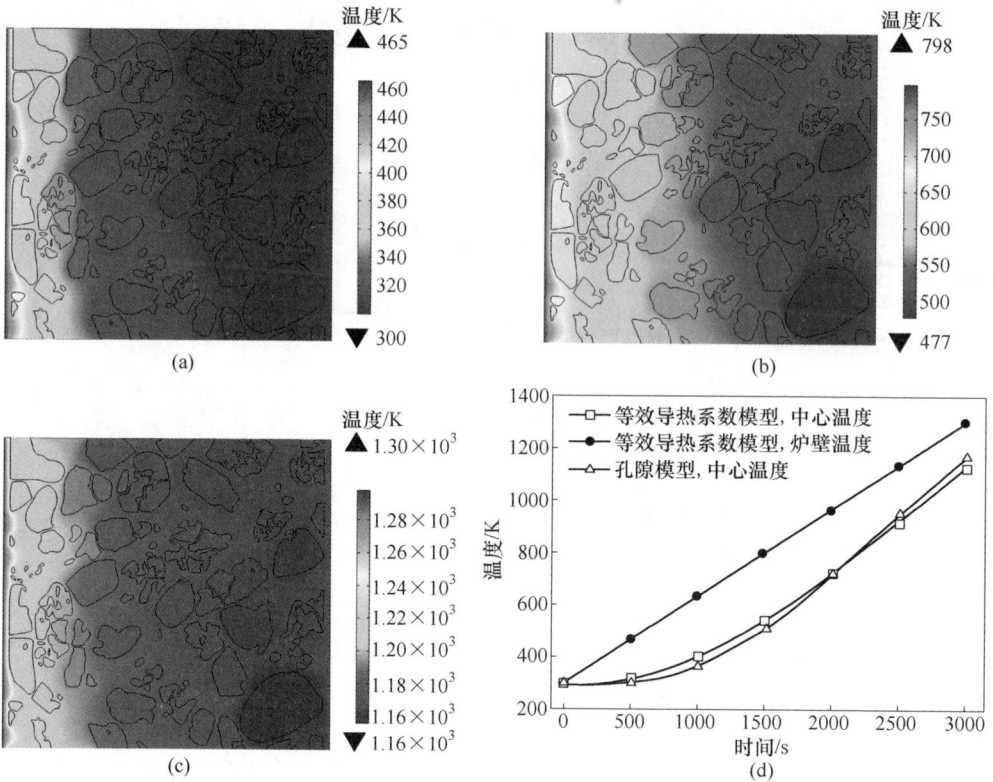

图 5-16 工况 D2 条件下颗粒堆积层孔隙传热仿真

（a）线性升温 $t=500$ s；（b）线性升温 $t=1500$ s；
（c）线性升温 $t=3000$ s；（d）模型预测值对比

体温度高于颗粒温度。由图 5-16～图 5-19 可知，当在相同的气体流速条件下，颗粒粒度越小，料层温差越大。当线性升温时间为 1500 s 时，随着颗粒粒度从 2～3 目下降到 10～12 目，颗粒料层温差由 321 K 上升至 423 K，这一结论与石油焦料层传热实验规律基本一致。

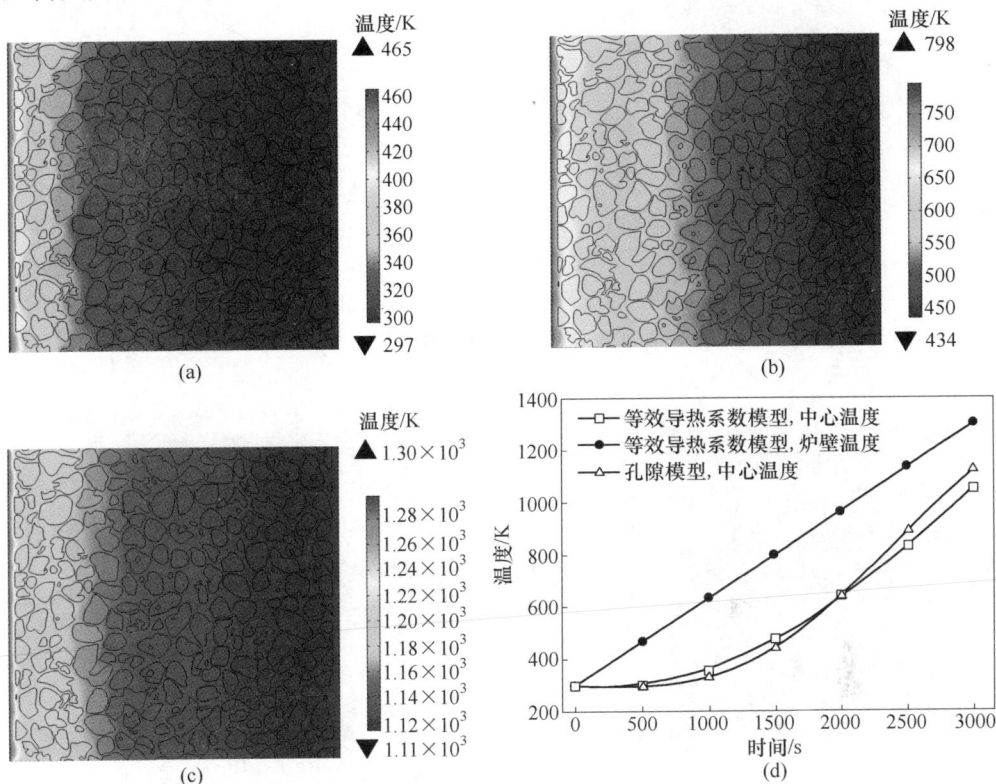

图 5-17　工况 D4 条件下颗粒堆积层孔隙传热仿真

（a）线性升温 $t = 500$ s；（b）线性升温 $t = 1500$ s；

（c）线性升温 $t = 3000$ s；（d）模型预测值对比

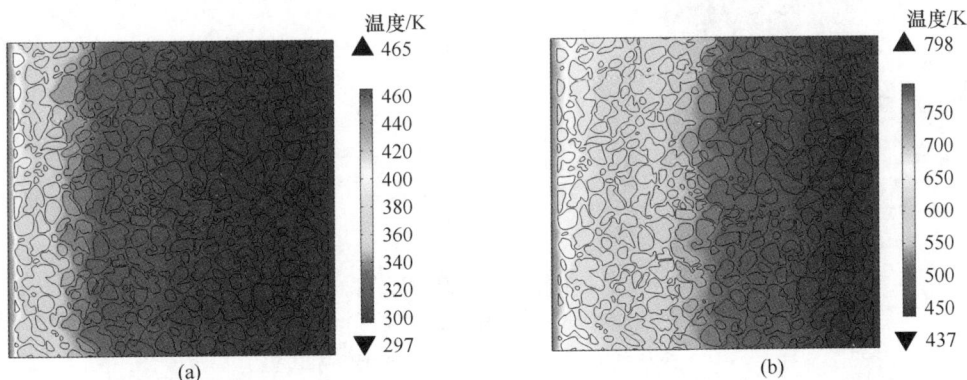

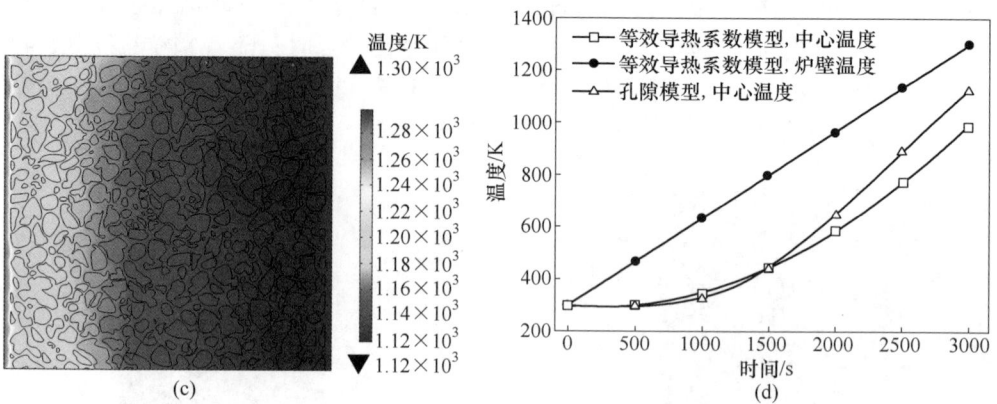

图 5-18　工况 D6 条件下颗粒堆积料层孔隙传热仿真

（a）线性升温 $t=500$ s；（b）线性升温 $t=1500$ s；（c）线性升温 $t=3000$ s；（d）模型预测值对比

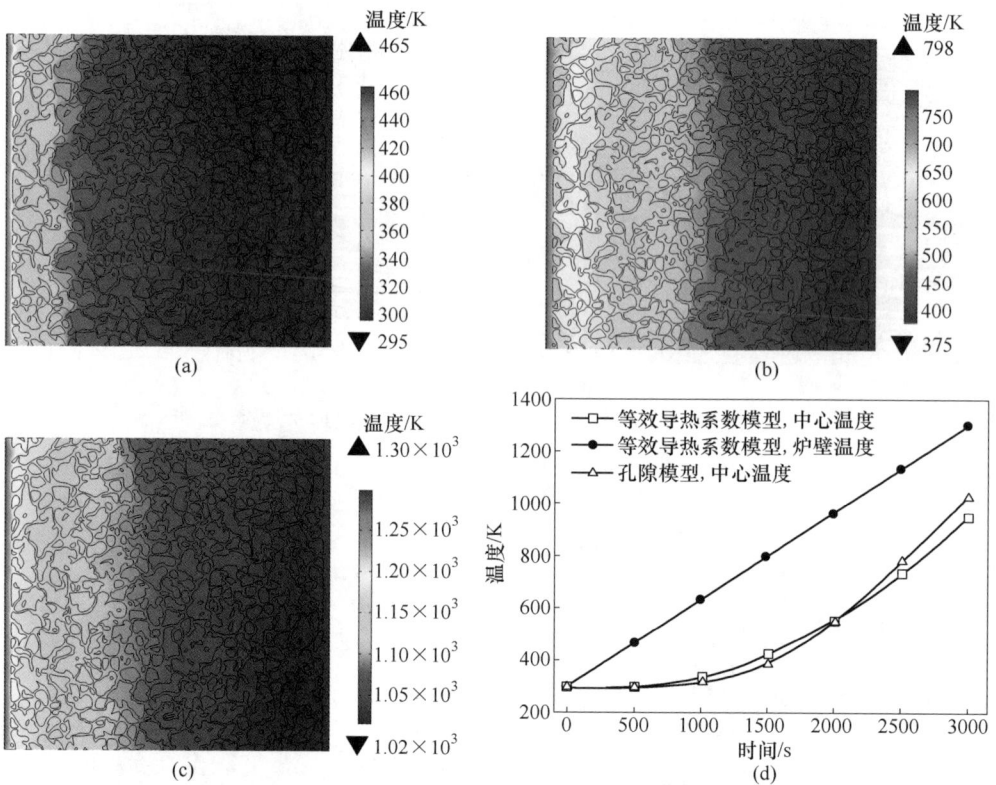

图 5-19　工况 A1 条件下颗粒堆积料层孔隙传热仿真

（a）线性升温 $t=500$ s；（b）线性升温 $t=1500$ s；

（c）线性升温 $t=3000$ s；（d）模型预测值对比

5.7.3 气体流速

为探明气体流速对料层内挥发分气体迁移的影响规律，本研究考察了左侧入口气体流速为 0 m/s、0.02 m/s、0.04 m/s、0.06 m/s 四个工况（工况编号：A1、V2、V4、A3）条件下的料层温度场。图 5-20 所示为粒度为 1.6~2.0 mm（10~12 目）条件下不同入口气体流速温度变化曲线，图 5-21 所示为不同气体流速条件下料层最大温差关系曲线。由图 5-20 可知，随着气体流速从 0 m/s 上升至 0.06 m/s，料层最大温差由 423.9 K 下降至 286.1 K，呈线性下降规律。气体流速越大，料层内外温差越小。

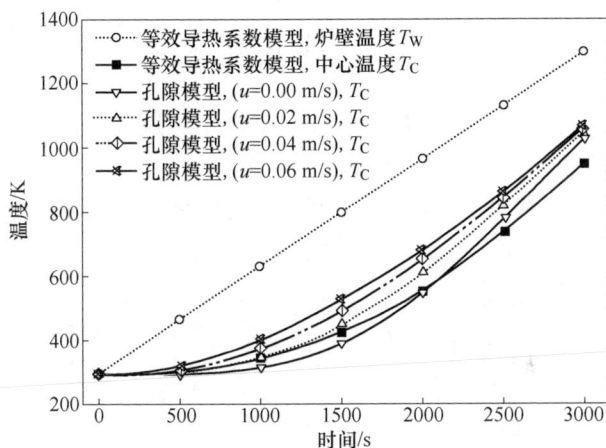

图 5-20 不同气体流速条件下料层内外温度变化曲线

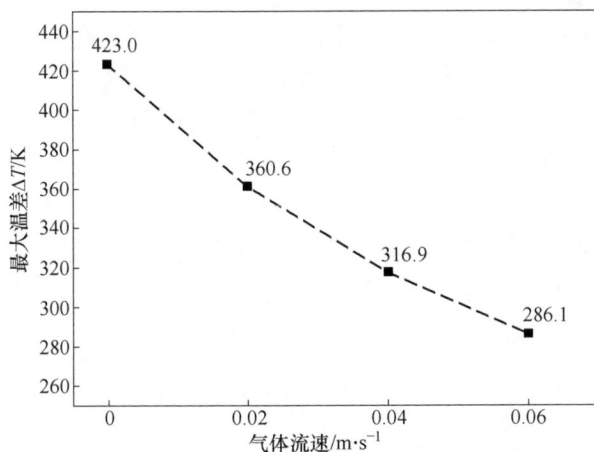

图 5-21 不同气体流速条件下料层最大温差关系曲线

5.8　本章小结

本章通过搭建的石油焦颗粒堆积固定床导热系数实验装置，探讨了颗粒粒度、升温速率、温度对石油焦颗粒堆积床导热性能的影响规律；基于计算传热学原理，构建了圆柱管径向传热过程正问题模型；通过 Levenberg-Marquardt 优化算法反推了导热系数，并与经典有效导热系数理论模型进行了对比，探讨分析了颗粒粒度、升温速率、温度对导热系数的影响规律。采用料层颗粒 CT 及 CFD 数值仿真方法探讨了颗粒粒度、气体流速等因素料层温度场的变化规律，主要结论如下：

（1）采用激光闪射法（LFA）获得了锻后石油焦块体导热系数（50～750 ℃）为 5.9～8.2 W/(m·K)。

（2）料层线性升温实验表明，石油焦导热系数随温度升高而升高，随粒度减小而减小。

（3）堆积床料层线性升温实验表明，料层壁面与中心的温差随温度的升高呈现出先增加后降低的趋势，同时温差随升温速率的增大而增大，随颗粒粒度的减小而逐渐增加。基于计算传热学和 Levenberg-Marquardt 算法，计算获得了石油焦颗粒堆积床导热系数 λ 与温度 T 和等效粒径 d_p 的数学关系式为：$\lambda = (12.799 - 2.792 \times 10^{-2}T + 5.561 \times 10^{-5} \cdot T^2) \times (d_p)^{0.553}$。

（4）等效导热系数 Bruggeman 模型和 MG 模型由于忽略了粒度对导热系数的影响，其预测效果与石油焦堆积料层导热实验测量值偏差较大。ZBS 模型、KS 模型估算的导热系数与本书导热反问题求得的等效导热系数的值区间存在重叠，其中 KS 模型预测的导热系数与实验数据反推的导热系数最为吻合。

（5）引入等效粒度修正系数 φ 对 KS 模型进行参数修正，其值为 0.941，修正后的 KS 模型及导热反问题获得的导热系数值与实验测量值基本吻合。

（6）料层导热颗粒间热辐射起主导作用。在相同的气体流速条件下，颗粒粒度越小，料层温差越大。当线性升温时间为 1500 s 时，随着颗粒粒度从 8.0～12.5 mm（2～3 目）下降到 1.6～2.0 mm（10～12 目），颗粒料层温差由 321 K 上升至 423 K。料层间气体流动可促进料层传热，气体流速越大，料层内外温差越小，随着气体流速从 0 m/s 上升至 0.06 m/s，料层最大温差由 423.9 K 下降至 286.1 K，呈线性下降规律。

6 罐式炉内石油焦颗粒
下降运动数值仿真研究

6.1 概　　述

罐式炉作为典型的逆流移动床式的密闭反应器，料罐中的石油焦颗粒在重力作用下自上而下缓慢移动，煅烧过程中产生的水分、挥发分穿过石油焦颗粒自由表面并经由挥发分通道排出。煅烧过程中，石油焦颗粒固相层与析出的挥发分气相间进行着复杂的传热、传质、动量传输及颗粒热分解反应。排料量严重影响料罐中石油焦的温度分布，进而影响石油焦中水分和挥发分的析出行为，易引起罐内结焦[36]、下生料等情况，影响炉况顺行。同时，石油焦颗粒在料罐中的分布情况影响石油焦堆积层的孔隙度、气相（水分、挥发分）逸出速度及热效应。因此，罐式炉内石油焦颗粒的运动分布行为是影响石油焦煅烧质量的关键因素之一。研究炉料在罐式炉内的运动分布情况，对罐式炉的稳定生产运行具有重要的工程应用价值。

目前，针对固相炉料运动行为的研究，主要采用物理模型模拟研究[178]、连续拟流体模型计算[74,179-180]和离散单元法模拟计算[71]三种方法。然而使用冷态物理模型及连续拟流体模型仅能简单定性描述石油焦颗粒运动模式，无法描述颗粒间的微观动力学行为和细节。

目前关于罐式炉内石油焦运动行为的研究鲜有报道。基于拉格朗日坐标系包含石油焦颗粒之间及石油焦颗粒/壁面相互作用关系的离散元法[181]（DEM）可根据石油焦颗粒尺寸和性质，不作过多的假设条件，通过计算可获得颗粒之间各类宏观和微观力学信息。因此国内外学者通过离散元法对工业生产中的各类颗粒物料输送开始了广泛的研究。如皮带输送、提升管、流态化床[182-183]，以及高炉料罐内颗粒流动的研究[184-187]。石油焦在整个煅烧过程都处于封闭的料罐内，对于这样一个封闭性的反应器，无法直接观察料罐内石油焦运动状态，因此借助于冷态物理模型试验和离散单元法模拟计算是研究罐式炉内石油焦运动行为最有效的手段。

本章以24罐普通8层火道罐式炉炉内的石油焦排料运动过程为研究对象，基于离散单元法建立罐式炉内石油焦颗粒运动行为的三维数学模型，并通过缩小

1/15 的冷态物理模型试验验证了离散单元法模拟的可靠性。利用该数学模型研究罐式炉炉内石油焦颗粒的运动特征，并深入颗粒尺度给出颗粒运动过程的接触力链的分布及应力分布情况。并通过该模型分析各部件的几何尺寸对石油焦下降运动的影响。建立料罐内石油焦颗粒运动的黏性流数学模型并验证将料罐内石油焦运动特征转换为连续流体描述的可行性，便于后续三维温度场、浓度场的耦合计算。

6.2　模型建立基本原理

6.2.1　离散元法数学模型建立

采用三维无粘连干颗粒圆球模型，假定石油焦颗粒为相互独立的离散单元并视其为刚性体，颗粒间相互接触采用软球模型描述[72,178,188]，如图 6-1 所示。本模型以广泛使用的无滑 Hertz-Mindlin 模型作为研究石油焦下降运动的接触力学关系模型。同时假定料罐内石油焦属于非黏性颗粒的堆积问题，因此不考虑石油焦颗粒之间及石油焦颗粒与硅砖壁间的接触黏性。颗粒运动由遵守牛顿第二定律的平动、转动运动构成，颗粒 i 的平动及转动可用式（6-1）和式（6-2）进行描述[178,188-189]：

$$m_i \frac{\mathrm{d}\boldsymbol{v}_i}{\mathrm{d}t} = \sum_{j=1}^{k_i} \left(\boldsymbol{F}_{\mathrm{cn},ij} + \boldsymbol{F}_{\mathrm{ct},ij} + \boldsymbol{F}_{\mathrm{dn},ij} + \boldsymbol{F}_{\mathrm{dt},ij} \right) + m_i \boldsymbol{g} \tag{6-1}$$

式中，m_i 与 $\boldsymbol{v}_i$ 分别为颗粒 i 的质量和速度；t 为时间；$m_i \boldsymbol{g}$ 为颗粒 i 的重力；k_i 为所有与颗粒 i 接触的颗粒总数；$\boldsymbol{F}_{\mathrm{cn},ij}$ 为颗粒 i 与 j 之间的法向接触力；$\boldsymbol{F}_{\mathrm{ct},ij}$ 为颗粒 i 与 j 之间的切向接触力；$\boldsymbol{F}_{\mathrm{dn},ij}$ 为颗粒 i 与 j 之间的法向黏性接触阻尼力；$\boldsymbol{F}_{\mathrm{dt},ij}$ 为颗粒 i 与 j 之间的切向黏性接触阻尼力。

$$I_i \frac{\mathrm{d}\boldsymbol{\omega}_i}{\mathrm{d}t} = \sum_{j=1}^{k_i} \left[\boldsymbol{d}_{ij} \times \left(\boldsymbol{F}_{\mathrm{ct},ij} + \boldsymbol{F}_{\mathrm{dt},ij} \right) \right] \tag{6-2}$$

式中，I_i 与 $\boldsymbol{\omega}_i$ 分别为颗粒 i 的转动惯量与角速度；$\boldsymbol{d}_{ij}$ 为从单元 i 质心到单元 j 质心的位移向量。

法向接触力 $\boldsymbol{F}_{\mathrm{cn},ij}$ 可用式（6-3）表示为：

$$\boldsymbol{F}_{\mathrm{cn},ij} = -\frac{4}{3} \boldsymbol{E}^* \sqrt{\boldsymbol{R}^*} \delta_{\mathrm{n}}^{3/2} \boldsymbol{n} \tag{6-3}$$

式中，等效杨氏模量 $\boldsymbol{E}^*$，可描述为 $\dfrac{1}{\boldsymbol{E}^*} = \dfrac{1-\nu_i^2}{E_i} + \dfrac{1-\nu_j^2}{E_j}$（其中，$\nu$ 为泊松比，ν_i 和 ν_j 分别为颗粒 i 和 j 的泊松比）；δ_{n} 为石油焦颗粒 i 在法向方向上的重叠量，可表示为 $\delta_{\mathrm{n}} = R_i + R_j - |\boldsymbol{d}_{ij}|$；下标 n 表示法向方向；$\boldsymbol{n}$ 为单位法向方向向量，可表示为 $\boldsymbol{n} = \dfrac{\boldsymbol{d}_{ij}}{|\boldsymbol{d}_{ij}|}$。

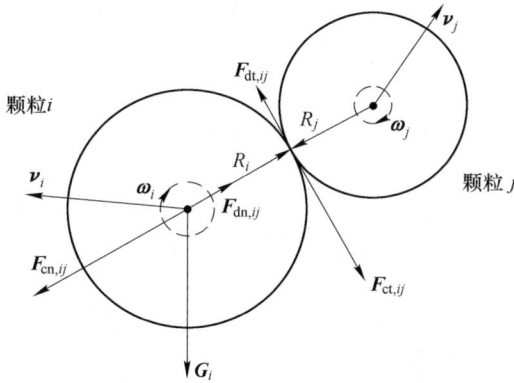

图 6-1 石油焦颗粒 i 和 j 之间受力关系示意图

法向黏性接触阻尼力 $\boldsymbol{F}_{\mathrm{dn},ij}$ 可用式（6-4）描述为：

$$\boldsymbol{F}_{\mathrm{dn},ij} = -2\sqrt{\frac{5}{6}}\beta\sqrt{S_{\mathrm{n}}m^*}\,\boldsymbol{v}_{\mathrm{n},ij} \tag{6-4}$$

其中，$\beta = -\dfrac{\ln e}{\sqrt{\ln^2 e + \pi^2}}$，$S_{\mathrm{n}} = 2E^*\sqrt{R^*\delta_n}$，$m^* = \dfrac{m_i m_j}{m_i + m_j}$，$\boldsymbol{v}_{\mathrm{n},ij} = (\boldsymbol{v}_{ij}\cdot n)n$

式中，β 为阻尼系数；e 为恢复系数；S_{n} 为法向刚度；m^* 为等效质量；$\boldsymbol{v}_{\mathrm{n},ij}$ 为法向相对速度；$\boldsymbol{v}_{ij}$ 为颗粒 i 与颗粒 j 的相对速度。

切向接触力 $\boldsymbol{F}_{\mathrm{ct},ij}$ 用式（6-5）表示为：

$$\boldsymbol{F}_{\mathrm{ct},ij} = \min\{\tan\varphi\,|\boldsymbol{F}_{\mathrm{cn},ij}|,\ -S_{\mathrm{t}}\delta_{\mathrm{t}}\} \tag{6-5}$$

其中，$\quad S_t = 8G_i^*\sqrt{R^*\delta_{\mathrm{n}}}$，$\dfrac{1}{G^*} = \dfrac{1-\nu_i^2}{G_i} + \dfrac{1-\nu_j^2}{G_j}$，$G = \dfrac{E}{2(1+\nu)}$

式中，φ 为内摩擦角；S_{t} 为切向刚度；$\boldsymbol{\delta}_{\mathrm{t}}$ 为切向重叠量；G_i^* 为等效剪切模量；G_i、G_j 分别为颗粒 i、j 的剪切模量；下角 t 表示切线方向；下角 n 表示法向方向；ν 为泊松比。

切向黏性接触阻尼力 $\boldsymbol{F}_{\mathrm{dt},ij}$ 可用式（6-6）表示为：

$$\boldsymbol{F}_{\mathrm{dt},ij} = -2\sqrt{\frac{5}{6}}\beta\sqrt{S_{\mathrm{t}}m^*}\,\boldsymbol{v}_{\mathrm{t},ij} \tag{6-6}$$

式中，$\boldsymbol{v}_{\mathrm{t},ij} = \boldsymbol{v}_{ij} - \boldsymbol{v}_{\mathrm{n},ij}$，$\boldsymbol{v}_{\mathrm{t},ij}$ 为切向的相对速度。

6.2.2 冷态物理模型的建立

本模型除去与石油焦颗粒运动过程无关的料罐的几何特征（如挥发分通道等），选取单个料罐为研究对象，其几何边界及尺寸如图 6-2 所示。

冷态物理实验是在 1/15 等比例缩小的料罐物理模型上进行的，该实验装置

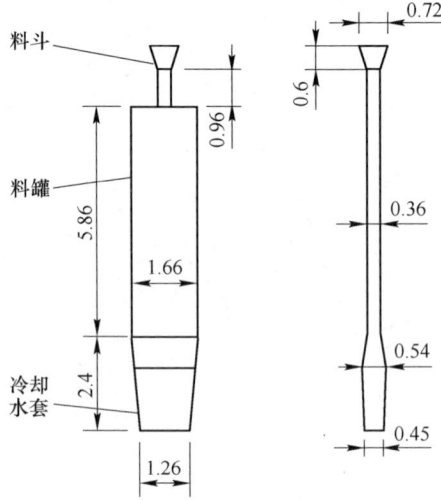

图 6-2　工业料罐几何尺寸（单位：m）

由料斗、料罐、冷却水套及排料拉板等四部分组成。物理模型的壁面采用厚度为 5 mm 的有机亚克力板制作，并以钢支架进行固定安装。采用带有 3 个与冷却水套底部截面一致的长方形孔洞的有机玻璃板作为排料控制装置，通过反复推拉排料拉板，使拉板的孔洞与冷却水套底部出口重叠打开-分离闭合交替循环来实现石油焦排料过程，具体物理装置结构如图 6-3 所示。实验物料采用经过筛分的、

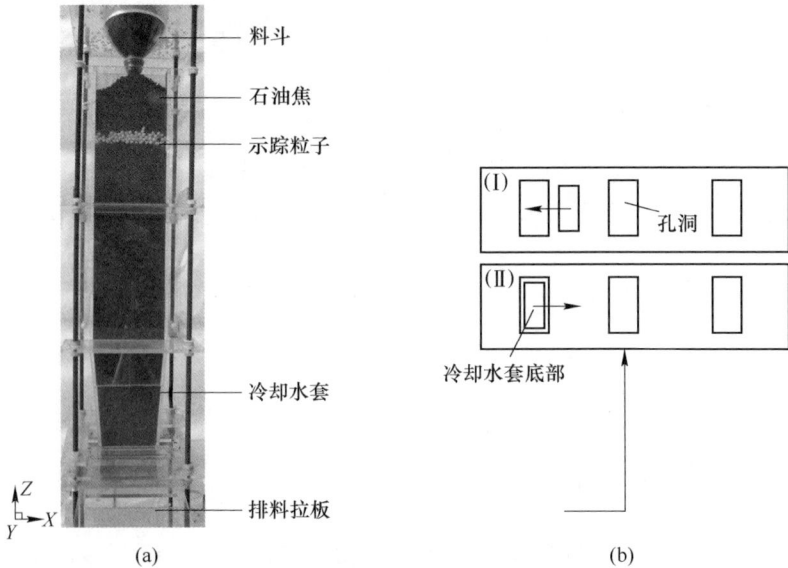

图 6-3　罐式炉冷态物理模型实验装置图

（a）冷模装置；（b）拉板结构

粒度为 2~3 mm 的煅后石油焦颗粒。采用白色西米作为示踪粒子来表征石油焦颗粒的运动行为。

物理模型实验包括以下步骤：

（1）将物料装入料斗中，将料面整平；

（2）拉动冷却水套下部的排料拉板，当冷却水套底面与拉板孔洞重叠，底部部分物料颗粒沿着冷却水套穿过拉板孔洞排出，随着拉板的继续拉动，水套底面与拉板孔洞不再重叠，底部排料出口封闭，此时视为完成一次排料操作过程；

（3）步骤（1）和步骤（2）循环。

整个实验采用数码摄像机记录颗粒下降过程的位置变化。

6.3 模型参数及模拟条件

使用现有的计算硬件条件，无法完成罐式炉中海量真实石油焦颗粒行为的计算，为了缩短计算时间，需将模拟的石油焦颗粒尺寸进行适当放大。具体的模拟实现过程为：首先在开源离散元软件 Yade 中建立三维料罐离散单元模型，并在料罐内随机填充石油焦颗粒，受重力的作用在料罐内逐渐堆积填满直至料罐顶部料斗中部区域。模拟中假定石油焦为球形颗粒，半径取 0.03 m，最终在料罐内堆积填充的石油焦颗粒总数为 27226 个，模拟计算时间的步长取 2.0×10^{-5} s。若要完全模拟石油焦在罐式炉内停留时间（50~60 h），计算量过于庞大（直接计算需计算 $2.16 \times 10^{11} \sim 2.59 \times 10^{11}$ 步）。本书根据罐式炉排料过程为排料—静止等待过程交替进行规律，为节省计算时间，略去石油焦在罐内的静止时间，通过移除冷却水套底部 0.06 m 的颗粒层完成排料过程，并不断在料斗上方填充相应数量的石油焦颗粒以保证模拟的颗粒总数一致，待颗粒自然下落堆积直至静止稳定后视为完成一个模拟排料周期，模拟总共计算 180 个周期（通过周期删除颗粒的方式计算仅需 5.4×10^6 步）。模拟中所用的石油焦及壁面物理性质见表 6-1[4,22,189]。

表 6-1 石油焦颗粒基本物理参数

名　　称	颗　　粒	壁　　面
密度/kg·m⁻³	1600	1920
杨氏模量/GPa	3.57	5.0
泊松比	0.28	0.28
摩擦系数	0.8	0.6
恢复系数	0.2	0.5
颗粒半径/mm	30	—

注：石油焦密度为表观密度。

6.4　离散元模型验证

图 6-4 给出了冷态罐式炉模型中石油焦颗粒下降运动轨迹变化规律，其中颗粒介质为煅后石油焦，示踪标记颗粒为白色西米；罐式炉物料堆积一定高度后，在料罐中水平排布一层白色西米示踪颗粒层，用于表征炉内石油焦颗粒的运动情况。当推拉排料拉板闸门时，在重力作用下颗粒经由料斗、料罐、冷却水套后从底部出口排出。图 6-4（a）所示为炉料料层的初始填充状态，示踪颗粒层为水平平铺，此时开始排料，随着时间的推移，在图 6-4（e）和（f）中可以看出，示踪料层逐渐转变为"U"形，说明炉料在靠近炉墙侧物料下降速度较罐体中心下降速度慢，这主要是冷却水套出口上宽下窄的几何特征造成的。

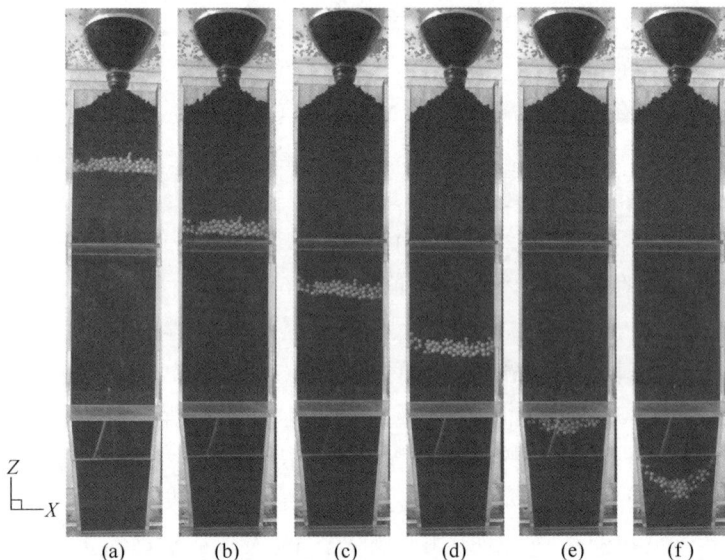

图 6-4　罐式炉排料过程的石油焦颗粒料层运动（冷态模型实验）
（a）初始状态；（b）排料 8 次；（c）排料 16 次；（d）排料 24 次；（e）排料 32 次；（f）排料 40 次

图 6-5 所示为离散元模拟间隔 24 个排料周期（单罐排料量取 85 kg/h，根据式（6-7）计算可等效约为 8 h）的罐式炉内石油焦颗粒料层分布，为了便于与实验对照观察颗粒的流动状态的变化，将石油焦颗粒按高度分为 3 层，由不同颜色（红、绿、蓝）标记石油焦颗粒层。由图 6-4 和图 6-5 可知，在排料初期，石油焦下降运动呈现平推流运动特征，在颗粒进入冷却水套区域后，石油焦运动特征趋漏斗流，同时实验结果与数值模拟结果相近，证实离散元模型的适用性，可用于罐式炉石油焦下降运动模拟研究。

$$t = V_{\text{bottom}} \cdot (\rho_{\text{coke}}/DR_{\text{coke}}) \cdot n \qquad (6\text{-}7)$$

式中，V_{bottom} 为每个排料周期删除的颗粒总体积；ρ_{coke} 为堆积料层密度；DR_{coke} 为单罐单位排料量；n 为模拟周期排料次数。

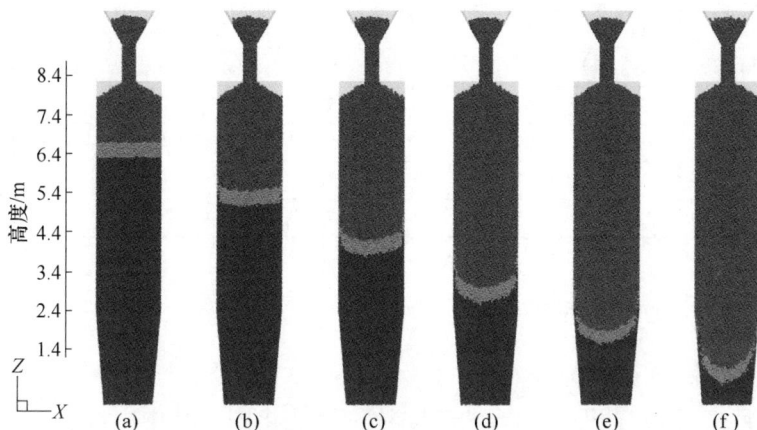

图 6-5　罐式炉排料过程的石油焦颗粒料层运动（DEM 模拟）
（a）$t=0$ h；（b）$t=8$ h；（c）$t=16$ h；（d）$t=24$ h；（e）$t=32$ h；（f）$t=40$ h

6.5　石油焦颗粒排料下降运动过程模拟

目前在实际炭素煅烧车间中，由于更新换代，罐式炉常采用不同的料罐尺寸，新老罐式炉同时运行，且料罐冷却水套不一。本书选取 3 种典型的料罐长度值，3 种冷却水套尺寸进行计算。煅烧过程中使用间歇排料方式，通过底部排料机旋转定期排出一定量的石油焦，然而模拟过程中使用的尺寸较实际生产过程中大，因此模型中通过定期移除冷却水套底部 0.06 m 的颗粒层模拟排料过程，在料料上方不断填充石油焦颗粒，待颗粒自然下落堆积静止稳定后视作一个模拟排料周期。模型以 10 h 为一个研究时间步长，即在单罐单位排料量 85 kg/m³，堆积层密度为 850 kg/m³，根据式（6-7），算例 4 等效换算为 27 个模拟排料周期。根据冷却水套尺寸可以换算为算例 1、2、3、5、6、7 排料 10 h 所需模拟排料周期次数为 31、31、31、31、41、23。

本节选用不同颗粒半径（0.02~0.03 m）、冷却水套尺寸、料罐长度（1.66~2.26 m）对石油焦颗粒运动变化特征进行因素分析，研究料罐几何尺寸对石油焦颗粒运动的影响规律，具体模拟计算条件见表 6-2。

表 6-2　离散元颗粒计算条件

算例名	颗粒半径 /mm	料罐长度 /mm	水套中部长度 /mm	水套底部长度 /mm	水套中部宽度 /mm	水套底部宽度 /mm	计算步长 /10^{-5} s	颗粒总数	周期排料次数
1	30.0	1660	1524	1260	535	450	2.0	27226	31
2	22.5	1660	1524	1260	535	450	1.5	63668	31
3	20.0	1660	1524	1260	535	450	1.0	92932	31
4	30.0	1920	1763	1457	535	450	2.0	31875	27
5	30.0	1920	1700	1260	535	450	2.0	32133	31
6	30.0	1920	1553	820	520	520	2.0	30555	41
7	30.0	2260	2075	1715	535	450	2.0	36423	23

6.5.1　粒度对石油焦运动的影响

　　图 6-6 ~ 图 6-8 分别为表 6-2 中算例 1、2、3 在不同时刻料罐中心 *XOZ*、*YOZ* 截面及料罐壁面 *xoz* 截面处的石油焦颗粒位置变化图，其中由红、黄、绿、蓝四色（红（>9.0 m）、黄（>7.8 m 且<9.0 m）、绿（>7.4 m 且<7.8 m）、蓝（<7.4 m））进行颗粒初始位置示踪标记，由图 6-6 ~ 图 6-8 可知，不同粒度石油焦在料罐内下降运动趋势基本一致，粒度越小，黄色及绿色示踪层呈现的凹形轮廓越平缓，同时经历 10 h 后不同粒度的颗粒下降距离基本一致，表明颗粒粒度对石油焦在料罐内下降运动趋势影响较小，均呈现中心快两边慢的下凹形运动分

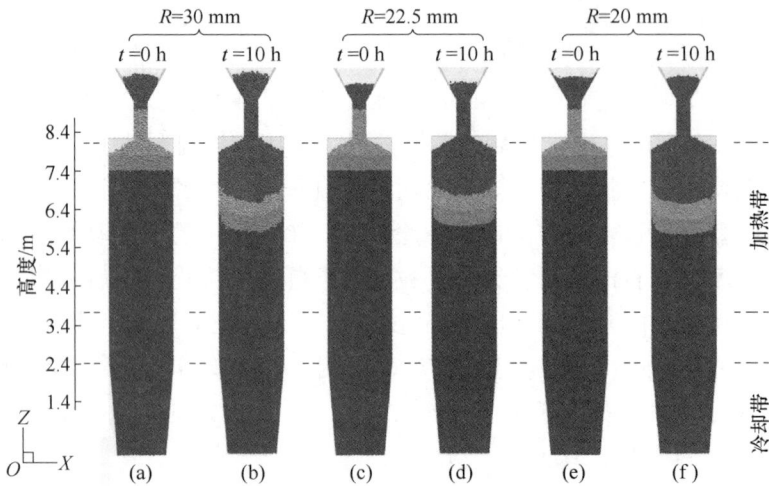

图 6-6　不同粒度石油焦在料罐中心 *XOZ* 截面位置变化

（a）*R*=30 mm，*t*=0 h；（b）*R*=30 mm，*t*=10 h；（c）*R*=22.5 mm，*t*=0 h；
（d）*R*=22.5 mm，*t*=10 h；（e）*R*=20 mm，*t*=0 h；（f）*R*=20 mm，*t*=10 h

布；在加热带区域，颗粒运动呈现活塞流特征，黄色示踪层颗粒并未超越绿色颗粒示踪层进行下降运动，主要是由于料罐的几何结构的对称性，不会因非对称的边壁的作用形成局部排料偏析。由图 6-7 可知，不同粒度的石油焦在料罐壁面下降运动幅度较中心截面颗粒运动幅度小，表明颗粒在壁面处的下降运动速度小于料罐中心处，部分黄色示踪层颗粒越过绿色示踪层颗粒向下运动，表明由于受壁面摩擦力作用，石油焦颗粒在壁面处存在一定程度的滚动。

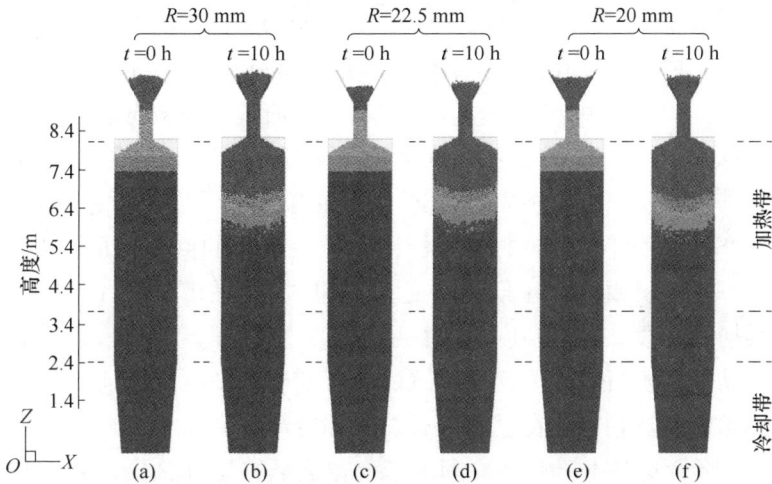

图 6-7　不同粒度石油焦在料罐壁面位置变化

（a）R=30 mm，t=0 h；（b）R=30 mm，t=10 h；（c）R=22.5 mm，t=0 h；
（d）R=22.5 mm，t=10 h；（e）R=20 mm，t=0 h；（f）R=20 mm，t=10 h

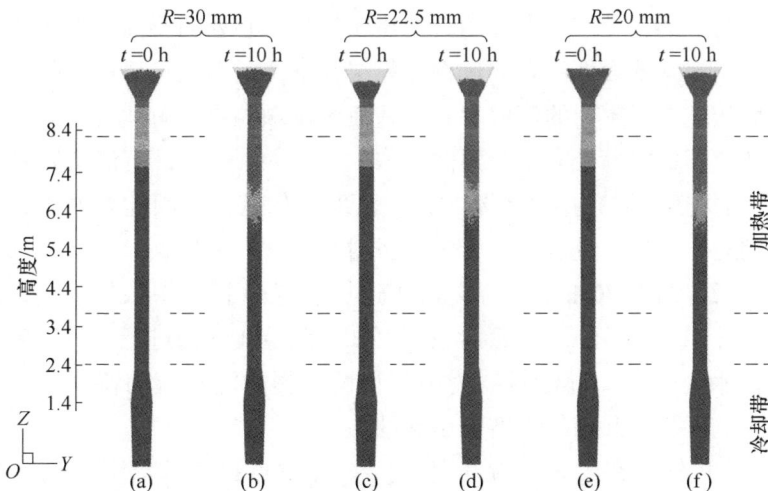

图 6-8　不同粒度石油焦在料罐中心 YOZ 截面位置变化

（a）R=30 mm，t=0 h；（b）R=30 mm，t=10 h；（c）R=22.5 mm，t=0 h；
（d）R=22.5 mm，t=10 h；（e）R=20 mm，t=0 h；（f）R=20 mm，t=10 h

6.5.2　料罐中石油焦的颗粒运动及停留时间

图 6-9 所示为罐式炉中心（的）XOZ 截面石油焦颗粒位置随时间变化轨迹，该模拟是在表 6-2 中算例 1 条件下进行的。为了追踪石油焦颗粒从料罐上部下移至料罐底部的运动轨迹变化过程，将石油焦颗粒按高度分为 4 层，各层颗粒以不同的颜色表示（由下到上依次是蓝（<7.4 m）、绿（>7.4 m 且<7.8 m）、黄（>7.8 m且<9.0 m）、红（>9.0 m））。图 6-10 所示为罐式炉壁面的石油焦颗粒随时间运动轨迹。表 6-3 列出了历经不同时间的下降运动后，石油焦颗粒的移动距离。由图 6-9（a）中可知，在料斗下方喉口处，石油焦颗粒自然堆积后限制了料斗上方颗粒继续下移，堆积角度为 30°~40°。结合罐式炉几何结构可知，由于挥发分通道高于堆积层，因此挥发分通道不存在石油焦颗粒堵塞的情况。从图 6-9（a）和（b）可知，料斗喉部的黄色标记颗粒由最初的倒三角形转变为直线形，表明由料斗下降至料罐的颗粒最终转变为平铺方式堆积。由图 6-9（a）~（f）可知，在排料初始阶段，水平高度下颗粒层呈水平直线排布，示踪颗粒层以平推流方式向下运动，表明石油焦炉料在料罐内具有较好的平推流特征。随着排料的进行，石油焦炉料示踪颗粒层在进入罐式炉底部冷却水套处才逐渐转变为中心快两边慢的"U"形，这是由于底部冷却水套上宽下窄的几何形状的引起的内外颗粒运动速度差异。由图 6-9、图 6-10 和表 6-3 可知，随着石油焦在料罐内的不断下降运动，单位时间间隔内石油焦下降运动的相对偏移值由 1.44 m 逐渐减小为 1.19 m，表明石油焦在下降过程中，在壁面摩擦的作用下，壁面与料罐中心的料层存在一定的运动差异，壁面处的石油焦颗粒与中心处的石油焦颗粒移动距离差距逐渐拉大，料罐壁面处的石油焦颗粒料层在下移运动较料罐中心处运动慢，表明中心区域颗粒在料罐内的停留时间较壁面区域颗粒停留时间短，中心位置颗粒在罐内的煅烧不如罐壁处充分。由图 6-9（a）~（c）可知，石油焦颗粒在煅烧带（对应于火道加热区域）中颗粒基本符合活塞流的特征，因此石油焦在罐式炉内煅烧以先进先出的方式进行，在给定的排料量下，石油焦颗粒在煅烧加热带中的停留时间较长，约为 30 h，这与文献所述原料通过料罐中煅烧带的时间需 24~36 h 基本吻合[14]。从图 6-9（d）~（f）可知，随着排料的进行，示踪颗粒层在冷却带（冷却水套区域）逐渐转变为中心快两边慢的漏斗流的特征，这是由底部冷却水套上宽下窄的几何结构特征引起的。

由表 6-3 可知，在给定工况条件下，石油焦自料斗喉部下落到冷却水套中部，经历了 50 h，平均下移距离为 6.75 m。石油焦在冷却区域停留的时间约为 20 h，在炉内的总体停留时大于 50 h。

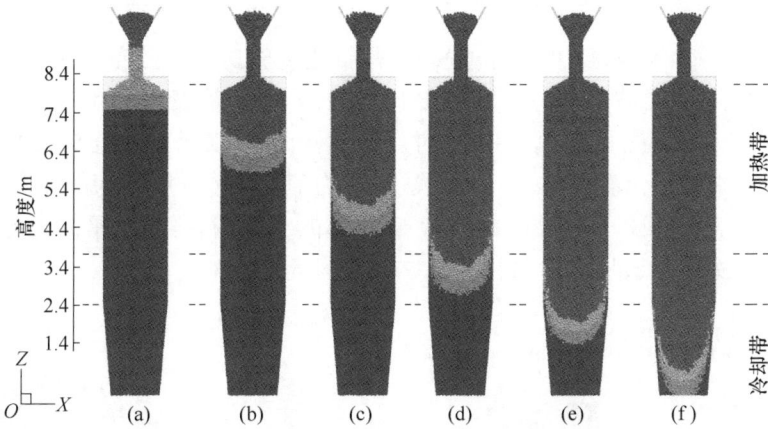

图 6-9 不同时间下罐式炉中心截面石油焦颗粒运动变化

（a）$t=0\,h$；（b）$t=10\,h$；（c）$t=20\,h$；（d）$t=30\,h$；（e）$t=40\,h$；（f）$t=50\,h$

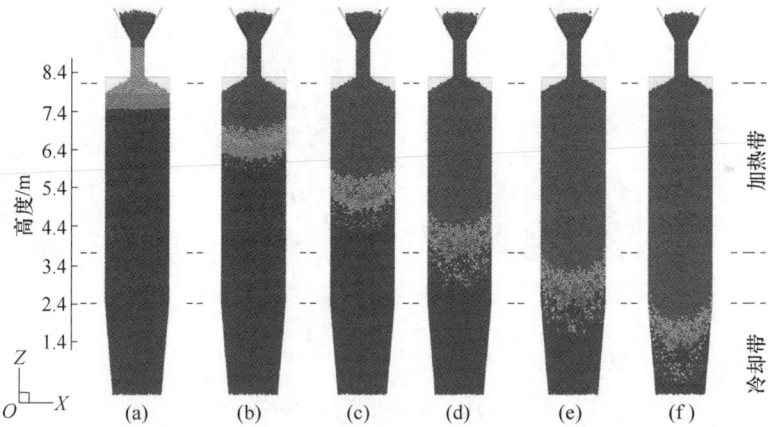

图 6-10 不同时间下罐式炉外壁石油焦颗粒变化

（a）$t=0\,h$；（b）$t=10\,h$；（c）$t=20\,h$；（d）$t=30\,h$；（e）$t=40\,h$；（f）$t=50\,h$

表 6-3 不同时间下颗粒运动距离差异

运动时间/h	平均值/m	相对偏移值/m	最大值/m	最小值/m	差值/m
10.0	1.44	—	1.68	0.92	0.76
20.0	2.88	1.44	3.30	2.01	1.29
30.0	4.29	1.41	4.87	3.15	1.72
40.0	5.56	1.27	6.20	4.17	2.03
50.0	6.75	1.19	7.56	5.18	2.38

6.5.3　料罐内部的应力分布及接触力网

图 6-11 所示为料罐中不同位置的堆积石油焦剪切应力分布云图。表 6-4 所列为图 6-11 中不同区域剪切应力值百分比。由图 6-11 及表 6-4 可知，随着料罐高度的下降，高剪切应力比例逐渐增加，由最初的 0.62% 上升至 9.27%。图 6-12 所示为料罐中不同位置的堆积石油焦法向应力值。表 6-5 所列为图 6-12 中不同区域法向应力值百分比。由图 6-12 及表 6-5 可知，随着料罐中水平高度的降低，高法向应力比例逐渐增加，由最初的 0.57% 上升至 19.56%。

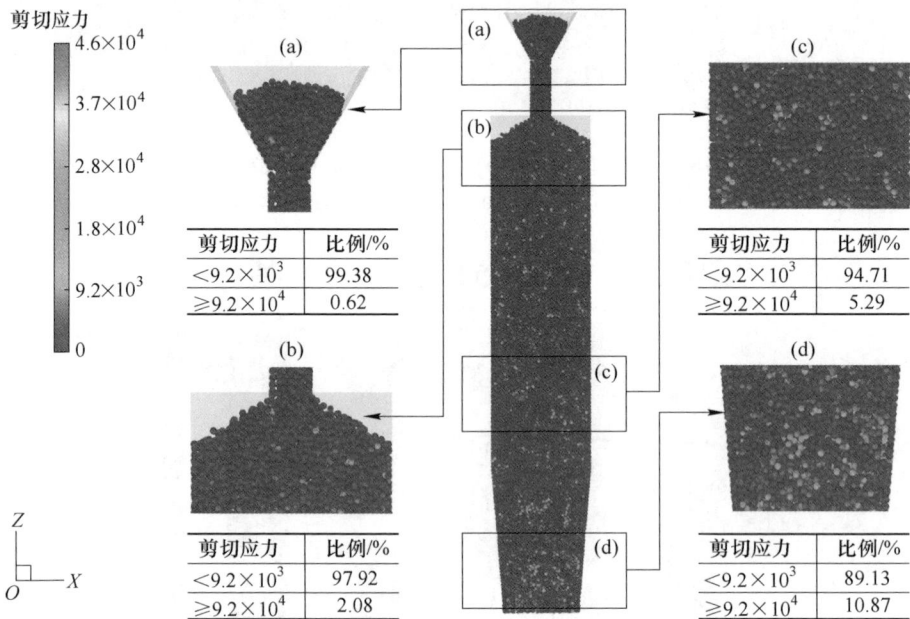

剪切应力

剪切应力	比例/%
<9.2×10^{3}	99.38
≥9.2×10^{4}	0.62

剪切应力	比例/%
<9.2×10^{3}	94.71
≥9.2×10^{4}	5.29

剪切应力	比例/%
<9.2×10^{3}	97.92
≥9.2×10^{4}	2.08

剪切应力	比例/%
<9.2×10^{3}	89.13
≥9.2×10^{4}	10.87

图 6-11　颗粒剪切应力分布图

表 6-4　不同算例条件下不同时刻的示踪颗粒下降平均移动距离　　（m）

排料时间/h	算例 1	算例 4	算例 5	算例 6	算例 7
10	1.44	1.26	1.27	1.26	1.09
20	2.88	2.46	2.47	2.49	2.12
30	4.29	3.66	3.65	3.70	3.14
40	5.56	4.84	4.85	4.90	4.14
50	6.75	5.93	5.95	6.10	5.18

图 6-13 所示为料罐中不同位置的堆积石油焦接触力网络结构分布，通过线条粗细表示石油焦颗粒之间接触力的大小。在图 6-13 中自下到上依次使用白、

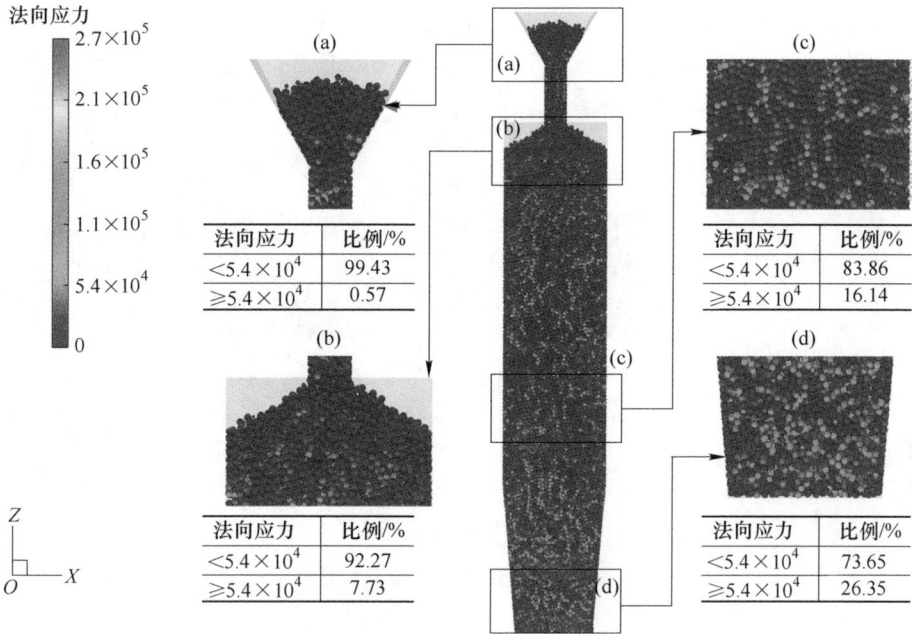

图 6-12 颗粒法向应力分布图

表 6-5 不同算例条件不同时刻的示踪颗粒下降最大移动距离 （m）

排料时间/h	算例 1	算例 4	算例 5	算例 6	算例 7
10	1.68	1.47	1.47	1.49	1.29
20	3.30	2.81	2.8	2.88	2.43
30	4.87	4.16	4.15	4.26	3.56
40	6.20	5.49	5.46	5.64	4.71
50	7.56	6.60	6.66	7.19	5.83

蓝、浅蓝、浅绿、浅黄、绿、黄、红 8 种颜色进行料层区域划分。

由图 6-13 的力链网络可知，随着料罐高度降低，两侧炉壁所受应力逐渐增大；料罐内部应力分布不均匀，料罐顶部（（b）和（d））区域主要为弱力链（细线条），石油焦对硅砖壁面上的接触力较小；在中下部区域（（g）、（i）和（k））分布着强力链，尤其是冷却水套壁面的（i）、（k）区域承受着料罐内石油焦颗粒的绝大部分重量，颗粒之间的接触力较大，通过强力链（粗线条）承担了上方堆积层的重量，因此水套壁面受到较大的压力，根据摩擦定律可知，在排料过程中，石油焦与水套壁面的摩擦力较料罐硅砖壁面大，因此对于冷却水套需要定期进行更换，防止冷却水套过度磨损。

由于冷却水套的上宽下窄的收口特征，料罐中的石油焦颗粒接触力主要由冷

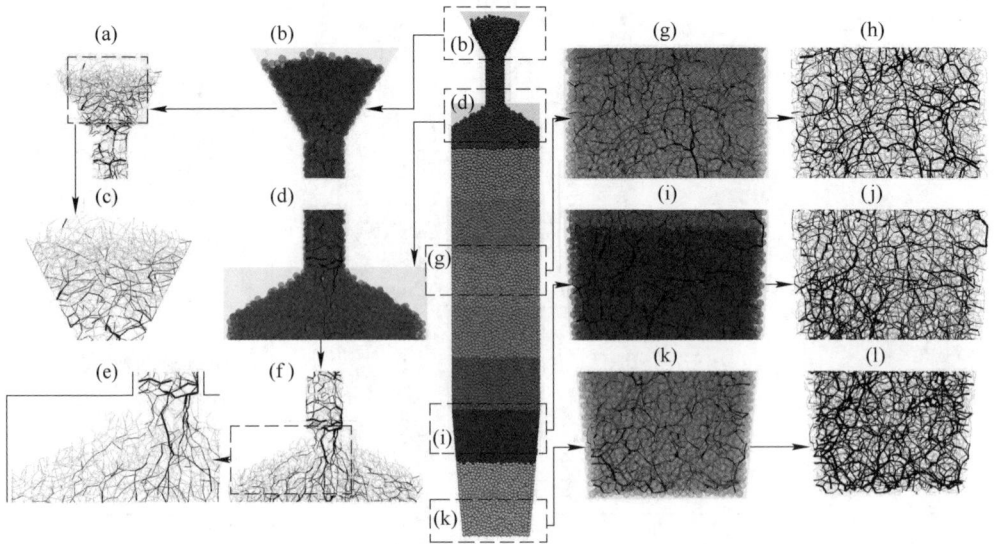

图 6-13　罐式炉料罐内各区域颗粒接触力链分布

却水套壁面承受，而冷却水套底部只承受一部分的力，因此，冷却水套的形状，对底部排料机起到了一定程度的保护及分担应力的作用。

6.6　炉体几何尺寸对石油焦运动的影响

6.6.1　冷却水套几何外形对石油焦颗粒运动的影响

图 6-14～图 6-16 分别为在表 6-2 中算例 4、5、6 条件下，料罐中心 *XOZ* 截面处石油焦颗粒随时间的运动轨迹，图中示踪标记同图 6-9。表 6-6～表 6-8 分别列出了不同算例条件下，绿色示踪标记颗粒在不同时刻下降的平均、最大、最小距离。由表 6-6 可知，在相同料罐长度下，不同算例中的绿色示踪标记颗粒在 0～40 h 的生产排料过程中平均移动距离基本一致，表明冷却水套差异不影响石油焦在火道加热区域中的运动特征。由图 6-14 和图 6-15 可知，算例 4、5 中 *xoz* 平面上长度小幅度变化（1457 mm→1260 mm），由于算例 5 较算例 4 冷却水套底面积小幅减小，算例 5 中的绿色示踪标记颗粒下凹程度较算例 4 的绿色示踪颗粒更为明显，"U" 形更深，同时由表 6-6 中可知，绿色示踪标记颗粒在经历 50 h 的生产排料过程后，算例 4 与算例 5 的平均移动距离基本一致（<0.05 m），在算例 4、5 条件下两种冷却水套类型并未引起料罐内石油焦颗粒的运动轨迹的显著变化。由图 6-14（e）、图 6-16（e）及表 6-6 可知，算例 6 条件下的颗粒运动趋势较算例 4 开始发生明显变化，绿色示踪标记颗粒已经由 "U" 形转变为 "V" 形，

在经历 50 h 的生产排料过程后，示踪标记颗粒平均移动距离为 6.10 m，而算例 4 仅为 5.93 m，表明冷却水套底部越窄，石油焦在进入冷却水套过程中形成的中心漏斗流越明显。同时在相同排料量下，算例 6 中的绿色示踪颗粒已经接近冷却水套底部，而算例 4 示踪的绿色示踪标记颗粒仅在冷却水套中部，表明算例 6 使用的冷却水套类型会导致料罐中心区域石油焦在冷却水套的停留时间缩短，不利于保证石油焦的有效充分冷却，但是由于冷却水套口窄小，底部排料机在每个排料周期中排料量缩小，在保证单罐单位排料量的前提下，势必缩短排料周期，使得排料次数更加频繁，引起料罐内堆积石油焦层的力链网络不断重新排布，保持石油焦在料罐内的松散堆积，更有利于石油焦堆积层中的挥发分快速排出。

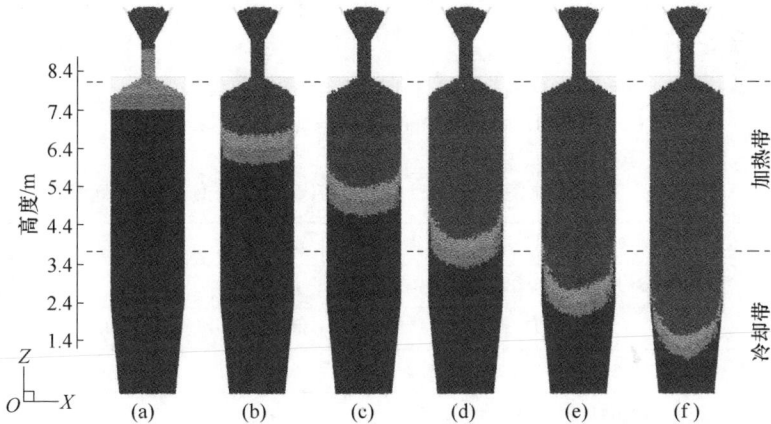

图 6-14 算例 4 料罐中心 *XOZ* 截面颗粒位置变化

(a) *t*=0 h；(b) *t*=10 h；(c) *t*=20 h；(d) *t*=30 h；(e) *t*=40 h；(f) *t*=50 h

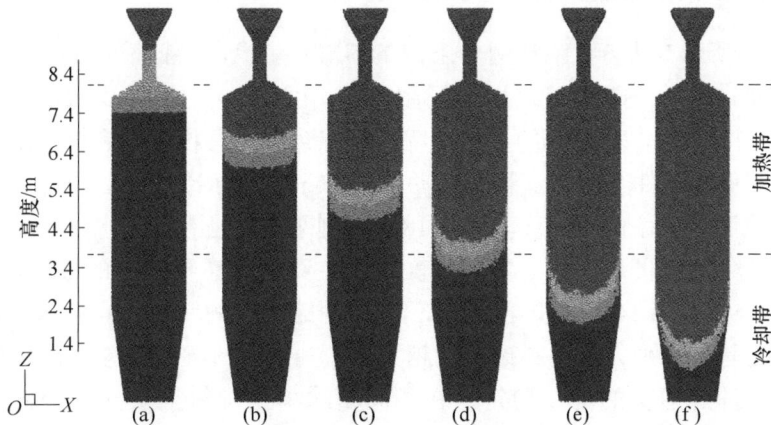

图 6-15 算例 5 料罐中心 *XOZ* 截面颗粒位置变化

(a) *t*=0 h；(b) *t*=10 h；(c) *t*=20 h；(d) *t*=30 h；(e) *t*=40 h；(f) *t*=50 h

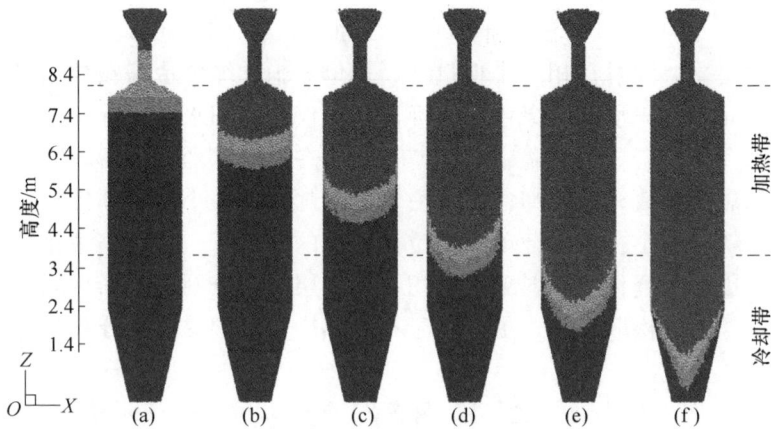

图 6-16　算例 6 料罐中心 *XOZ* 截面颗粒位置变化

（a）*t*=0 h；（b）*t*=10 h；（c）*t*=20 h；（d）*t*=30 h；（e）*t*=40 h；（f）*t*=50 h

表 6-6　不同算例条件不同时刻的示踪颗粒下降最小移动距离　　　　（m）

排料时间/h	算例 1	算例 4	算例 5	算例 6	算例 7
10	0.92	0.83	0.81	0.89	0.66
20	2.01	1.63	1.66	1.78	1.48
30	3.15	2.60	2.47	2.71	2.23
40	4.17	3.45	3.41	3.56	2.98
50	5.18	4.34	4.40	4.44	3.71

6.6.2　料罐长度对石油焦颗粒运动的影响

图 6-17 所示为表 6-2 中算例 7 条件下料罐中心 *XOZ* 截面处石油焦颗粒位置随时间的变化情况，图中示踪标记同图 6-9。由图 6-9、图 6-14 和图 6-17 可知，在算例 1 条件下，经过 50 h 的生产过程后，绿色示踪颗粒已经完全排出冷却水套区域。在算例 4 条件下，示踪颗粒移动了 5.98 m，处于冷却水套中部区域，而在算例 7 条件下，示踪颗粒仅移动了 5.18 m，刚刚开始进入冷却水套区域，表明在相同单位单罐排料量条件下，料罐长度越小，石油焦在料罐内的停留时间越短。同时由图 6-9、图 6-14 和图 6-17 可知，随着料罐长度的增加，绿色示踪颗粒形成的下凹形更趋于水平，表明料罐长度越大，石油焦在料罐内下移更加平缓，更有利于保证石油焦煅烧的均一稳定。在相同单罐单位排料量条件下，料罐长度增加，石油焦下降运动速度降低，石油焦在料罐内的停留时间延长，相应在火道加热区域的受热煅烧时间及在冷却水套冷却区域冷却时间增加，有利于石油焦的充

分煅烧和充分冷却，因此罐式炉料罐长度的增加对石油焦产量的增加和质量稳定具有重要的作用。

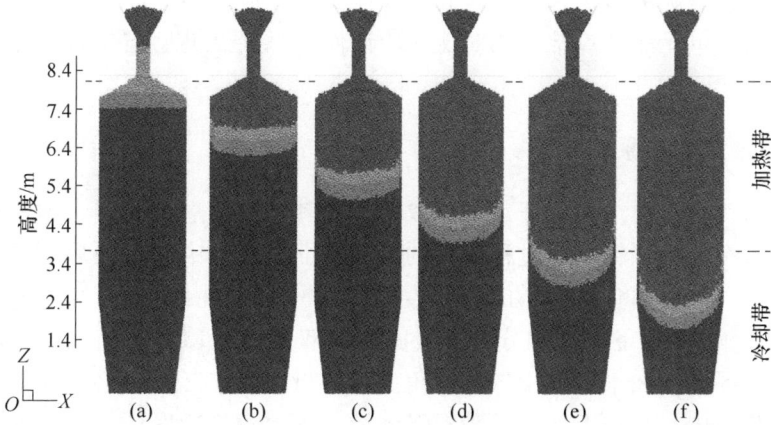

图6-17　算例7料罐中心 *XOZ* 截面颗粒位置变化

（a）$t=0$ h；（b）$t=10$ h；（c）$t=20$ h；（d）$t=30$ h；（e）$t=40$ h；（f）$t=50$ h

6.7　黏性流模型与离散元模型对比

由本章前述离散元模拟研究可知，离散单元法计算石油焦在料罐内的运动过程时间步长极小，仅为 2.0×10^{-5} s，若要完全模拟石油焦在罐式炉内停留时间（$50 \sim 60$ h），直接计算需 $2.16 \times 10^{11} \sim 2.59 \times 10^{11}$ 次，而通过周期删除颗粒方式计算约需 5.4×10^{6} 次，模拟石油焦自上而下的排料过程仍然需要 $10 \sim 15$ 天的计算时间（计算硬件平台为：i7 6820HQ 2.7 GHz，16 G 内存）。但是由于周期删除颗粒方式略去了颗粒静止堆积的时间，无法与连续的温度场、浓度场模拟进行耦合求解，难以高效地进行罐式炉内石油焦煅烧过程的多物理场模拟。除了离散单元法外，还有黏性流、势流及活塞流模型可用于描述炉料在炉内的下降运动过程。本章 6.3 ~ 6.5 节通过等比例缩小（1:15）的罐式炉三维冷态实物模型，并以煅后石油焦为原料，进行石油焦在罐式炉内排料下降过程试验。研究结果表明，石油焦颗粒在罐式炉内处于密相堆积状态，标记的白色西米小球的移动变化显示，石油焦在下料过程中，与典型的竖式移动床物料运动特征相似，近似平推流的运动特征。Chen[67]、Feng[73,179] 等通过黏性流模型进行了移动床、CDQ 炉的颗粒下降运动模拟表明黏性流在模拟炉内物相运动存在的潜力。生产过程中，料罐中石油焦的排料过程为罐内堆积石油焦在重力作用下随底部排料机间歇周期开合（脉冲排料周期较短，小于 60 s）下降排料、静止过程交替进行，且石油焦自罐顶进料口到达罐底排料口的时间大于 24 h，因此将石油焦下降视为连续运动过程；黏性流模型作为一种可描述石油焦颗粒宏观运动过程的连续介质拟流体方法[67,69]，基于工程上广泛使用的计算流体力学方法，便于与其他描述料罐内温度、气相浓度相耦合计算煅烧炉多物理场，因此本节使用黏性流模型计算石油焦宏观运动过程，并与离散单元法计算结果相对比，验证使用黏性流模型描述石油焦下降运动的可行性。

6.7.1　黏性流基本原理

　　基于罐式炉对称结构特征，本节取罐式炉其中一罐进行研究，本模型在罐式炉中除去与石油焦颗粒运动过程无关的几何特征，模型中取石油焦颗粒的运动堆积角为38°[190]，并将石油焦在料罐顶部石油焦堆积自由面分为两部分，将料罐喉部水平夹角38°以下区域划分为有气固两相双流体区域，夹角上部区域为气相的自由流体区域。在本模型中忽略夹角上部的自由流体区域，将罐式炉料罐简化为单纯的几何体，其中上部区域为料喉区域，中部为料罐区域，底部为冷却水套区域，具体几何尺寸如图6-18所示。

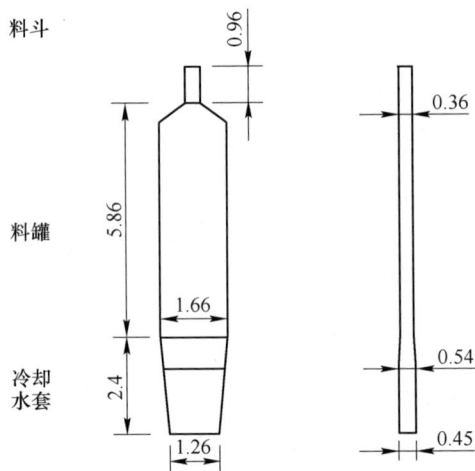

图6-18　罐式炉料罐几何尺寸（单位：m）

为描述石油焦在罐式炉内排料下降运动过程，模型做如下假设：

（1）将煅后石油焦堆积层视为满足连续介质的拟流体。

（2）忽略热解析出的挥发分气体穿过石油焦堆积层对石油焦下降运动的影响。

（3）将石油焦在罐式炉内的周期间歇排料下降运动视为稳态连续运动过程。

为了对石油焦在料罐内运动过程进行示踪分析，本模型在传统黏性流模型基础上增加时间项，并使用相同物理性质，不同标识的物相A、B进行石油焦运动过程模拟。基于上述假设，适合于本模型使用的流体连续性方程为：

$$\frac{\partial \alpha \rho}{\partial t} + \nabla \cdot (\alpha \rho U) = 0 \tag{6-8}$$

若忽略时间因素及假定物相一致，式（6-8）可转化为：

$$\nabla \cdot (\rho U) = 0 \tag{6-9}$$

x，y，z 三个方向上的动量方程：

$$\frac{\partial (\alpha \rho U)}{\partial t} + \nabla \cdot (\alpha \rho UU) = \alpha \rho g + \alpha \nabla \cdot \{\mu [\nabla U + (\nabla U)^{\mathrm{T}}]\} - \alpha \nabla \cdot \left(p + \frac{2}{3}\mu \nabla U\right) + f_{\mathrm{w}} \tag{6-10}$$

式中，μ 为石油焦固相黏性系数。

若忽略时间项及假定物相一致，式（6-10）可转换为：

$$\nabla \cdot (\rho UU) = \rho g + \nabla \cdot \{\mu [\nabla U + (\nabla U)^{\mathrm{T}}]\} - \nabla \cdot \left(p + \frac{2}{3}\mu \nabla U\right) + f_{\mathrm{w}} \tag{6-11}$$

式中，f_{w} 为颗粒-壁面摩擦力，采用泊肃叶定律可表示为[67,74]：

$$f_{\mathrm{w}} = \frac{16}{Re}\frac{\rho v^2}{2} \tag{6-12}$$

罐式炉料罐的壁面及出口边界条件采用第二类边界条件，可用式（6-13）表示。

$$\frac{\partial u}{\partial x} = 0, \quad \frac{\partial v}{\partial y} = 0, \quad \frac{\partial w}{\partial z} = 0 \quad 0 < z < H \tag{6-13}$$

式中，H 为料罐和冷却水套总高度。

料罐入口采用第一类边界条件，可用式（6-14）表示：

$$u = 0, \quad v = 0, \quad w = v_{\mathrm{inlet}} \tag{6-14}$$

式中，v_{inlet} 为进料口速度。

式（6-8）和式（6-9）为广泛使用的黏性流模型，本书为了对石油焦在料罐内运动过程进行示踪分析，本模型使用式（6-8）和式（6-10）作为可进行颗粒位置示踪的黏性流模型。

6.7.2 模型参数及模拟条件

石油焦物理性质参数及排料量见表6-7。连续性方程和动量方程使用二阶迎风差分离散，离散后的线性方程组使用多重网格（Multigrid）算法求解，通过SIMPLE 算法进行压力-速度修正耦合。分别使用不同黏性常数进行模拟计算，以找出合适的黏性常数模拟石油焦在罐式炉内的下降运动过程。模型中使用具有相同物理性质（相同堆积密度、黏性系数）的两种物质 A、B，并在料罐中部位置填充 A（红色）标记示踪，其他区域填充物质 B（蓝色），入口进入物质为 B。计算时间步长为 720 s，总计计算 200 个时间周期，共计 40 h。

表 6-7　石油焦性质参数及排料量

堆积密度 $\rho/\mathrm{kg \cdot m^{-3}}$	黏性系数 $\mu/\mathrm{Pa \cdot s}$	排料量 $DR/\mathrm{kg \cdot (h \cdot 罐)^{-1}}$
850.0	0.05~5.0	85.0

6.7.3　不同黏性系数对石油焦颗粒运动分布的影响

图 6-19~图 6-21 所示分别为黏性系数为 5.0 Pa·s、0.5Pa·s、0.05 Pa·s 时,不同时间下料罐内示踪石油焦的运动轨迹。从图 6-19~图 6-21 中可以看出,石油焦颗粒取不同黏性系数计算结果基本一致,表明在罐式炉内的对称结构,黏性系数对石油焦的运动的无显著影响,因此本书后续研究根据文献[74]取值为 5.0 Pa·s。对比图 6-4、图 6-5 和图 6-19 可知,黏性流模型和离散元模型示踪颗粒的运动趋势均与物理实验模型基本一致,表明黏性流模型和离散元模型均能描

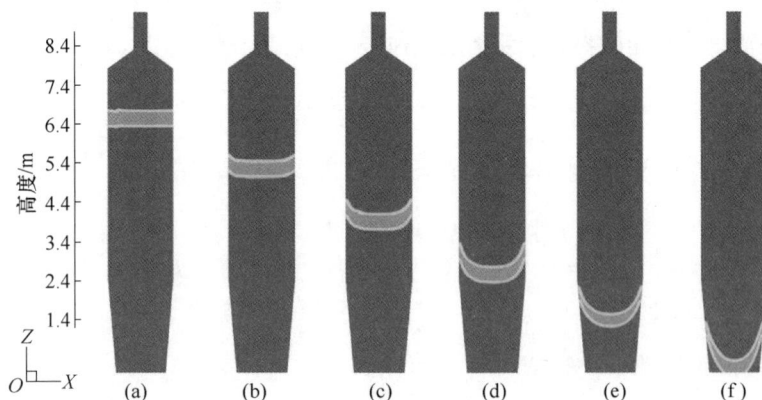

图 6-19　不同时刻料罐中心截面示踪石油焦位置变化图 (μ=5.0 Pa·s)
(a) t=0 h; (b) t=8 h; (c) t=16 h; (d) t=24 h; (e) t=32 h; (f) t=40 h

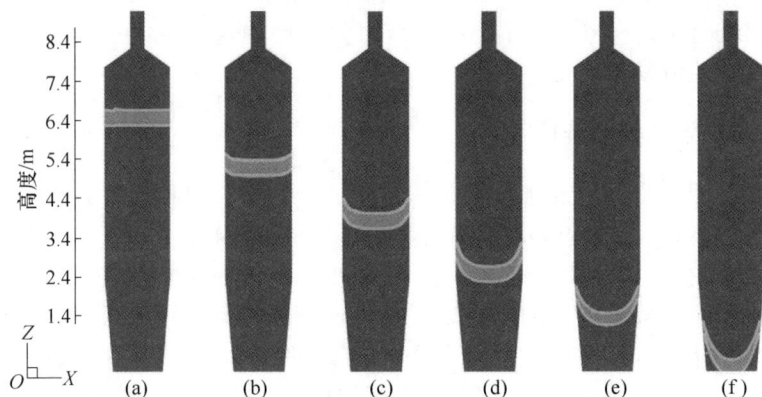

图 6-20　不同时刻料罐中心截面示踪石油焦位置变化图 (μ=0.5 Pa·s)
(a) t=0 h; (b) t=8 h; (c) t=16 h; (d) t=24 h; (e) t=32 h; (f) t=40 h

述石油焦在罐式炉内的下降运动过程。但是经过 40 h 的排料过程示踪颗粒运动幅度略高于离散元模型模拟结果，这主要是由于离散元模拟过程中通过定期删除颗粒的方式存在一定程度的偏差。从图 6-22 中可知，示踪颗粒在壁面处下降速度较料罐中心处下降速度慢，这与离散元模拟结果较为吻合。由此可知，黏性流模型可用于模拟石油焦在料罐内的下降运动过程。

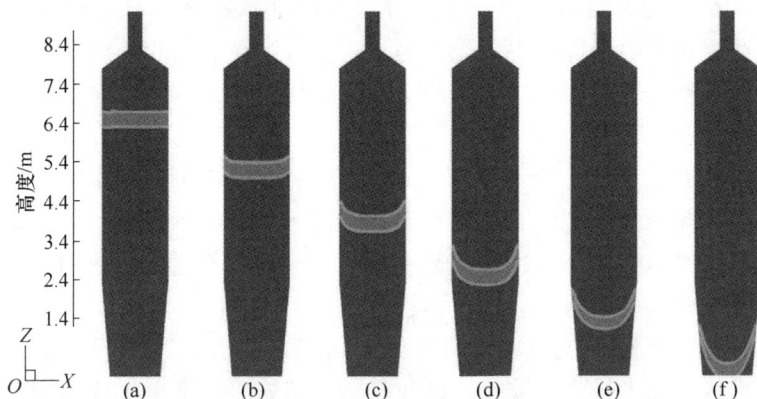

图 6-21　不同时刻料罐中心截面示踪石油焦位置变化图 （$\mu = 0.05$ Pa·s）

（a）$t = 0$ h；（b）$t = 8$ h；（c）$t = 16$ h；（d）$t = 24$ h；（e）$t = 32$ h；（f）$t = 40$ h

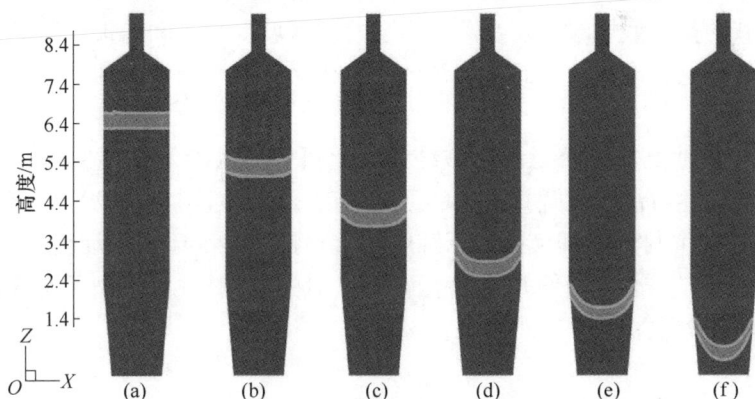

图 6-22　不同时刻料罐内壁面处示踪石油焦位置变化图

（a）$t = 0$ h；（b）$t = 8$ h；（c）$t = 16$ h；（d）$t = 24$ h；（e）$t = 32$ h；（f）$t = 40$ h

6.8　本 章 小 结

本章建立了罐式炉内石油焦排料下降运动物理试验冷态模型，应用离散单元法对石油焦从料罐料斗至冷却水套出口的全过程进行数值计算，考察了料罐内石油焦的堆积分布、料罐排料过程石油焦颗粒的运动情况及接触力链分布，并验证了使用黏性流法描述石油焦运动过程的可行性，得出如下结论：

（1）采用示踪颗粒（白色西米）追踪罐式炉冷态模型内颗粒下降运动过程。随着料罐中的石油焦排料下移，示踪西米层由水平排布逐渐转变为中心快两边慢的"U"形。

（2）在煅烧加热带区域，石油焦颗粒运动基本符合活塞平推流的特征，因此石油焦在罐式炉内煅烧以先进先出的方式进行，在给定的单罐单位排料量条件下，石油焦颗粒在煅烧加热带中的停留时间较长，约为 30 h，在整个料罐的总体停留时间约为 50 h。

（3）罐式炉内冷却水套壁面及底部存在较强的应力区，料斗料面及挥发分通道附近料面接触应力最弱。冷却水套的上宽下窄的几何特征，使得料罐中的石油焦颗粒的作用力大部分由冷却水套壁面承担，少部分直接作用于底部排料机，有助于减轻排料机的负荷。

（4）在相同单罐单位排料量条件下，随着冷却水套底面积缩小，底部排料机在每个排料周期中排料量缩小，导致排料周期缩短，排料次数更加频繁，引起料罐内堆积石油焦层力链网络不断重新排布，保持石油焦在料罐内的松散堆积，更有利于石油焦层中挥发分的快速排出，但同时也缩短了在冷却水套的停留时间，不利于石油焦的冷却。料罐长度增加，石油焦下降运动速度降低，相应在火道加热区域的受热煅烧时间及在冷却水套冷却区域冷却时间增加，有利于石油焦的充分煅烧和充分冷却，因此罐式炉的大型化对石油焦产量的增加和质量稳定具有重要的作用。

（5）将黏性流与离散元法模拟结果对比可知，两者示踪颗粒运动趋势基本一致，均能描述石油焦在罐式炉内的下降运动过程，且与实验物理模型结果基本一致，经过 40 h 排料过程模拟后示踪颗粒运动幅度略高于离散元模型模拟结果。在壁面使用第二类边界条件并施加壁面摩擦力源项的黏性流模型可有效模拟石油焦在罐式炉内的颗粒运动宏观特征。

7 罐式煅烧炉内石油焦热解挥发分迁移路径影响机制

7.1 概　述

石油焦是炼油过程的一种副产品，被广泛用作炼铝炼钢、炭素、水泥等工业制品的原材料[90,92-93]。近年来，随着世界原油重质化、劣质化和加工深度不断增加，世界范围内石油焦质量日益劣化（高硫比、高粉焦比等）。我国是重要的石油焦消费大国之一，其主要用作铝用炭阳极的主体原料[91]。当前，在碳达峰与碳中和（双碳）战略倡导下，作为 CO_2 排放和能耗大户的铝电解行业面临产业的重大变革，不断向节能、高效方向发展。同时随着国家环保力度的升级，对铝用炭素制品的质量提出更高的要求[191-193]。

目前我国主要采用回转窑和罐式煅烧炉（罐式炉）煅烧石油焦[194]。回转窑由于自动化程度高且生产环境友好等优点，一直被大中型铝电解厂、炭素厂优先采用。但是在回转窑煅烧石油焦过程中，由于石油焦颗粒与逆向运动的烟气直接接触，炭质烧损较大，且细微颗粒容易被烟气卷起带走，导致石油焦实收率偏低。尤其是近年来，石油焦质量波动较大，焦中水分、挥发分、硫分含量逐渐升高，粉焦比例也逐渐上升（>30%），致使回转窑的实收率进一步降低（炭质烧损率高达 8%~10%）[195]。相对而言，罐式炉煅烧技术具有炭质烧损率低（4%左右）、煅烧质量优及无须额外燃料消耗等优势，与"双碳"目标极为契合，是促进铝用炭素行业可持续发展的最有潜力的煅烧技术[196]。然而，目前罐式炉煅烧石油焦技术综合水平偏低，存在诸如原料劣化、自动化程度低、异常炉况频发等诸多难题，严重制约了其进一步推广应用[7,197-198]。在原料劣化与环保的双重压力下，科学提升罐式炉煅烧技术水平对铝用炭素行业的可持续发展具有重要的现实意义。

罐式炉煅烧石油焦过程是一个高温多元多相复杂热化学反应与热质传递耦合问题，在整个自热煅烧过程中，石油焦热解挥发分迁移转化行为不仅是火道燃料稳定供应的关键，还直接关系到密闭料罐内石油焦的最高煅烧温度，进而影响锻后焦质量[7,94,199]。若挥发分迁移转化路径控制不当，极易引发"下火放炮"等异常炉况，严重制约生产稳定，同时也造成了车间环境污染。

　　针对罐式炉"下火放炮"异常炉况频发的问题，部分学者进行了相关研究。李自田[196]和王敏[39]等人提出"下火放炮"现象是罐式煅烧炉目前存在的主要问题之一，认为"下火放炮"的本质是石油焦热解挥发分因析出通道受阻，挥发分未进入火道，而随物料下移至炉底并与空气混合受热，以高压气体的形式向外冲出，发生轻微爆炸反应，并提出可通过提高火道负压、控制首层及二层火道温度及合理的粗细料配比等措施改善。相关研究表明[14,39,196]，"下火放炮"现象与罐内石油焦颗粒粒度的分布情况、料层堆积特性及罐内负压分布等密切相关。然而，由于罐式煅烧炉自身结构的封闭特性，难以通过实验检测全面分析罐内真实的煅烧温度、压力分布及挥发分气体迁移路径的内在联系，目前研究主要借助计算流体力学（CFD）方法进行初步探索。如周善红[20]、杨光华[200]通过CFD仿真技术对罐式煅烧炉进行了数值模拟研究，研究了煅烧工艺改进对火道及料罐温度分布，以及火道中的压力、速度分布的影响规律。此外，笔者[201-203]前期采用CFD仿真技术和离散元方法，研究了罐式煅烧炉内各物理场（温度、压力、气体浓度等）的分布规律及排料行为，但是针对罐内挥发分气体迁移行为的研究未见相关报道。

　　为此，本章基于CFD仿真技术，研究了颗粒粒度、火道温度、单位排料量和挥发分含量等因素对罐内挥发分迁移路径的影响规律，以期揭示"下火放炮"的本质，为罐式炉稳定运行及节能降耗提供理论基础。

7.2　实验原料与实验方法

7.2.1　石油焦原料及其理化性质

　　实验样品为国内某炼焦厂的石油焦原料，表 7-1 所列为石油焦的工业分析、元素分析和高位发热值。由表 7-1 可知，样品为低硫焦（硫含量（质量分数）小于 1%），其高位发热值为 36.42 MJ/kg。

表 7-1　石油焦的物理化学性质

工业分析(质量分数)/%			元素分析(质量分数)/%					高位热值/MJ · kg⁻¹
水分	挥发分	灰分	C	H	O	N	S	HHV
3.0	10.48	0.25	86.98	2.81	1.28	1.39	0.32	36.42

7.2.2　石油焦堆积料层阻力特性

　　关于石油焦颗粒堆积床内气体流动阻力特性，用 Ergun 方程[204]表示：

$$\frac{\Delta p}{L} = 150 \frac{(1-\varphi)^2}{\varphi^3} \frac{\mu_g u_g}{d_p^2} + 1.75 \frac{1-\varphi}{\varphi^3} \frac{\rho_g u_d^2}{d_p} \qquad (7-1)$$

式中，Δp 为气体流过石油焦料层时的压差，Pa；L 为料层高度，m；μ_g 为气体动力黏度，Pa·s；u_g 为表观气体流速，m/s；d_p 为石油焦颗粒等效粒径，m；ρ_g 为气体密度，kg/m³。

由第 5 章可知，混料（未筛分物料）单位压降与 0.336~1.133 mm 粒度的石油焦颗粒的单位压降相当，混料的平均等效粒径与粒径组成紧密相关。

7.3 数值仿真模型

7.3.1 罐式炉结构及 CFD 模型构建

图 7-1 所示为罐式炉的基本结构及石油焦煅烧机理示意图。由图 7-1 可知，石油焦在罐式炉内的煅烧过程是一个具有石油焦固相下降运动、气体流动、多孔介质传质传热、石油焦热分解析出挥发分、挥发分与预热空气混合燃烧等多因素耦合问题。基于上述原因，在建立模型时需作一定的基本假设，具体见作者前期研究[199,202]。同时为便于研究分析，将火道内的挥发分燃烧过程视为稳态且不受石油焦原料波动影响，各层火道温度采用第一类定值边界条件。

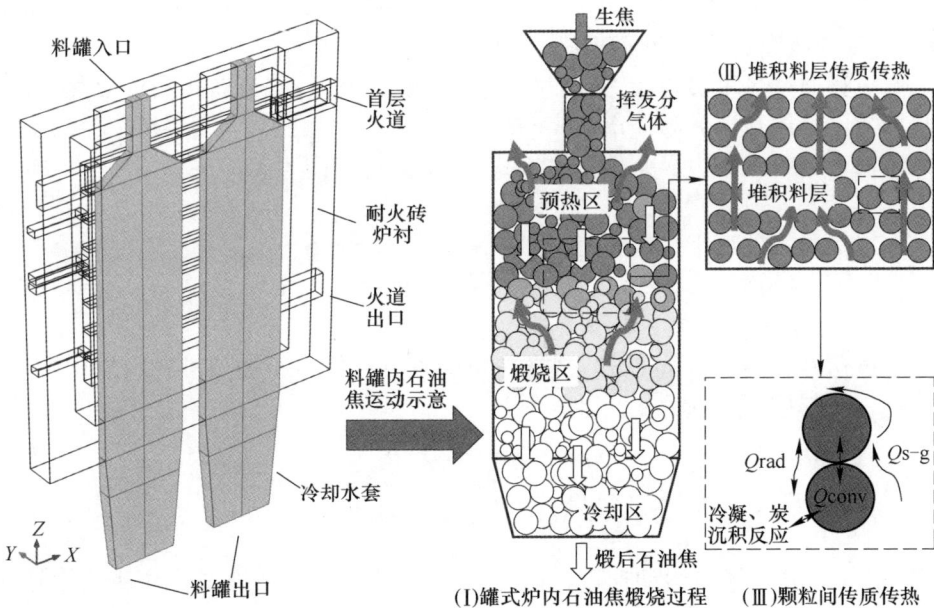

图 7-1 罐式炉基本结构及石油焦煅烧机理示意图

7.3.1.1　石油焦颗粒下降运动

对于罐内堆积石油焦料层中的固相石油焦颗粒，采用黏性流模型描述其下降运动过程，控制方程可描述为：

$$\rho_s(\boldsymbol{u} \cdot \nabla)\boldsymbol{u} = \nabla \cdot (\mu \nabla \boldsymbol{u}) + \rho_s \boldsymbol{g} + \boldsymbol{F} \tag{7-2}$$

$$\rho \nabla \cdot u = - \sum R_i \tag{7-3}$$

式中，ρ_s 为松装密度，kg/m^3；$\boldsymbol{u}$ 为速度，m/s；μ 为流体的动力黏度，$Pa \cdot s$；$\boldsymbol{F}$ 为体积力源项，W/m^2；$\boldsymbol{g}$ 为重力加速度，m/s^2。

石油焦原料入口采用质量入口边界条件，出口采用压力出口，可用式（7-4）和式（7-5）进行描述：

$$- \int_{\partial\Omega} \rho(u \cdot \boldsymbol{n}) \, \mathrm{d}_{bc} \mathrm{d}S = \boldsymbol{m} \tag{7-4}$$

$$[-pI + K]\boldsymbol{n} = -p_0\boldsymbol{n} \tag{7-5}$$

式中，$\boldsymbol{m}$ 为法向质量流率，kg/s；$\boldsymbol{n}$ 为法向量；S 为面积，m^2；p 为压力，Pa。

7.3.1.2　石油焦中残余挥发分析出

对于料罐内石油焦堆积层中的挥发分及残余水分析出可通过组分守恒控制方程进行描述：

$$\rho(u \cdot \nabla)c_i = R_i \tag{7-6}$$

$$R_i = r_i \cdot \rho \cdot c_i = A \cdot e^{\frac{-E}{RT}} \cdot (1 - \alpha)^n \cdot \rho \cdot c_i \tag{7-7}$$

式中，c_i 为 i 组分的质量分数；α 为转化率；A 为指前因子，s^{-1}；E 为活化能，J/mol；R_i 为组分源项，$kg/(m^3 \cdot s)$；R 为气体常数，$J/(mol \cdot K)$；T 为温度，K；n 为反应级数；r_i 为反应速率，s^{-1}。

本模型通过热重实验及三阶段独立并行反应模型，拟合获得石油焦热解的动力学参数，具体数据见第 3 章。

入口采用第一类边界条件，可用式（7-8）进行描述：

$$c_i = c_{0, j} \tag{7-8}$$

出口边界条件可用式（7-9）描述：

$$- \boldsymbol{n} \cdot \nabla c_i = 0 \tag{7-9}$$

7.3.1.3　热解挥发分气体迁移

通过达西定律及 Ergun 方程描述热解挥发分气体在石油焦堆积料层中的迁移转化过程，其控制方程为：

$$\nabla \cdot (\rho v) = \sum R_i \tag{7-10}$$

$$- \nabla p = \frac{\mu}{\kappa}v + \beta\rho|v|v \tag{7-11}$$

式中，v 为挥发分气体运动速度，m/s；p 为压力，Pa；κ 为多孔介质的渗透率，m^2；β 为惯性阻力系数，$N \cdot s/m$。

挥发分出口为恒定压力出口，采用第一类边界条件，可描述为：

$$p = p_0 \tag{7-12}$$

7.3.1.4 罐式炉多孔介质传热

对于罐式炉内传热过程，采用式（7-13）描述其控制方程：

$$\rho c_p u \cdot \nabla T - \nabla \cdot (K_{\text{eff}} \nabla T) = Q \tag{7-13}$$

式中，c_p 为比热容，J/(kg·K)；K_{eff} 为有效导热系数，W/(m·K)；Q 为热源项，W/m³。

对于炉衬外壁面，采用式（7-14）所示的热辐射边界条件：

$$-\boldsymbol{n} \cdot \boldsymbol{q} = \varepsilon \sigma (T_{\text{amb}}^4 - T^4) \tag{7-14}$$

式中，ε 为壁面发射率；σ 为斯忒藩-玻耳兹曼常数，W/(m²·K⁴)；T_{amb} 为环境温度，K。

入口、火道壁面及冷却水套壁面采用第一类边界条件：

$$T = T_0 \tag{7-15}$$

出口边界条件为第二类边界条件：

$$-\boldsymbol{n} \cdot \boldsymbol{q} = 0 \tag{7-16}$$

式中，q 为热通量，W/m²。

7.3.2 物性参数及边界条件

模型计算采用的石油焦物理性质参数见第 3~第 5 章。基准工况条件为：料罐尺寸（$L \times W \times H$）为 1.660 m×0.360 m× 6.827 m，八层火道，各层火道高度为 0.479 m，冷却水套高度为 2.4 m。石油焦颗粒等效粒径 1.0 mm，外部环境压力为 1.01×10^5 Pa，料罐内顶部堆积料层负压 -35 Pa，石油焦中挥发分含量（质量分数，下同）为 10%，残余水分 3%，首层火道温度 1200 ℃，二层火道温度为 1300 ℃，至八层火道温度下降至 1200 ℃，单罐单位排料量 85 kg/h。

颗粒粒度、火道温度、单罐单位排料量、挥发分含量等因素影响料罐内石油焦的煅烧温度及热解挥发分的析出迁移过程，进而影响石油焦煅烧质量。因此，本书采用单因素分析方法，分析了上述各因素对挥发分迁移行为的影响规律，具体工况条件见表 7-2。

表 7-2 影响因素工况条件设定

参数	工况	等效粒径 /mm	首层火道 温度/℃	末层火道 温度/℃	单位排料量 /kg·h⁻¹	挥发分含量 （质量分数）/%
颗粒 粒度	A1	0.2	1300	1200	85	10
	A2	0.5	1300	1200	85	10
	A3	1.0	1300	1200	85	10
	A4	2.0	1300	1200	85	10
	A5	5.0	1300	1200	85	10

参数	工况	等效粒径 /mm	首层火道 温度/℃	末层火道 温度/℃	单位排料量 /kg·h⁻¹	挥发分含量 （质量分数)/%
火道 温度	A6	1.0	1200	1100	85	10
	A7	1.0	1250	1100	85	10
	A8	1.0	1300	1150	85	10
	A9	1.0	1350	1200	85	10
单位 排料量	A10	1.0	1300	1200	65	10
	A11	1.0	1300	1200	75	10
	A12	1.0	1300	1200	95	10
	A13	1.0	1300	1200	105	10
挥发分 含量	A14	1.0	1300	1200	85	6
	A15	1.0	1300	1200	85	8
	A16	1.0	1300	1200	85	12
	A17	1.0	1300	1200	85	14

7.4　结果与讨论

7.4.1　罐式炉内各物理场分布规律

图 7-2 所示为 A3 工况条件下，罐内中心截面（$y = 0.0$）温度、压力及挥发分残余量（石油焦中残余挥发分与初始挥发分质量比）云图及分布曲线。由图 7-2（a）和（b）可知，随着石油焦热解的进程，罐内温度不断增加，约在距离炉顶 6.0 m 达到最大煅烧温度，约为 1100 ℃。由于罐式炉通过火道砖间接加热料罐，罐内温度呈现两边较高，而中心最低的分布特性，相应的存在罐壁区域的石油焦优先热解完全，中心区域石油焦热解相对滞后的现象，挥发分在距炉顶 5~6 m 范围内基本热解完全。由图 7-2（c）可知，料罐中心的压力曲线与温度曲线存在滞后现象，料罐中心的压力在 2.88 m 处（L3~L4 火道对应的料罐区域）达到最大值，约为 7.26 Pa。由图 7-2（d）可知，在 L3 火道对应的区域，挥发分开始改变方向，向底部运动，结合图 7-2（c）的压力曲线可知，这是由于在 L2~L8 火道对应的区域，罐内处于正压状态造成的。

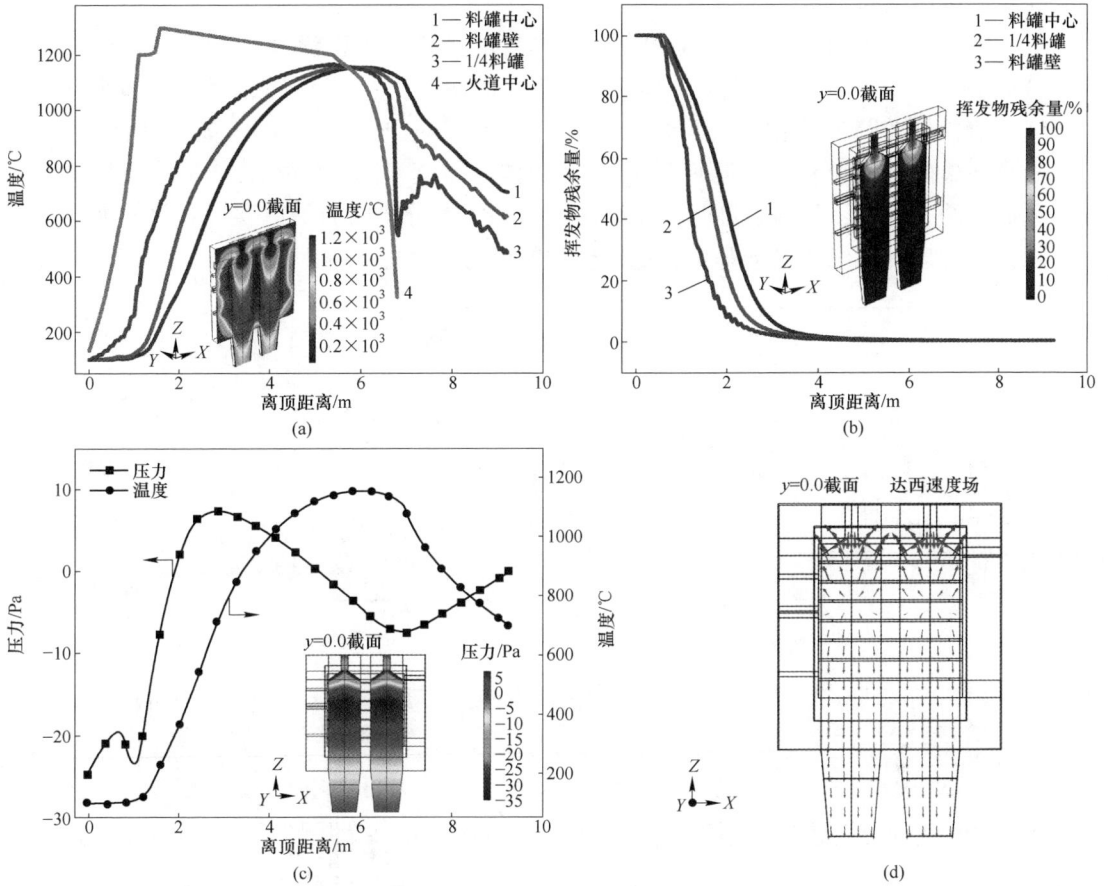

图 7-2　罐内各物理场分布

（a）温度；（b）残余挥发分含量；（c）压力；（d）挥发分运动方向

7.4.2　颗粒粒度对挥发分走向的影响

图 7-3 所示为不同等效颗粒粒度 d_p 条件下罐内压力、温度、挥发分残余量及料罐出口热解气体泄漏量（泄漏的热解挥发分气体与热解生成的挥发分解的质量比）的分布曲线。由图 7-3（a）可知，颗粒粒度对罐内压力和挥发分走向影响显著。当 $d_p > 2$ mm 时，由于料层内的空隙率高，挥发分通道顺畅。随着距炉顶距离的增加，罐内压力不断减小，罐内处于负压状态，出现"下火放炮"的概率极低，热解挥发分能够顺利地进入顶层挥发分通道。当 $d_p = 1.0$ mm 时，在距离炉顶 1.74 ~ 6.14 m 范围内（L2 ~ L8 火道对应区域），罐内压力由负值转变为正值，在 L4 层火道对应区域达到最大值 7.26 Pa，这意味着挥发分运动方向可能发生变化，这是因为由细颗粒堆积的料层，其空隙率较小，透气性能变差，挥发分

向顶部析出的阻力增大，部分挥发分气体由底部排料口逸出，极易造成下火放炮等异常炉况。由图7-3（b）可知，随着热解的进行，罐内温度不断升高，挥发分在 L6~L7 层火道对应罐内基本热解完全。由图7-3（c）可知，料罐底部热解气体泄漏量随着等效粒径的增加而减小，$d_p \geq 5$ mm 时，底部不仅无气体泄漏，而且向罐内反向吸入一定量的空气，结合图7-3（a）可知，这是由于罐内负压较大造成的。因此，颗粒粒度是控制罐内压力和挥发分走向的最重要且有效的因素之一，合理的粗细料搭配是保证稳定生产的可行方案。

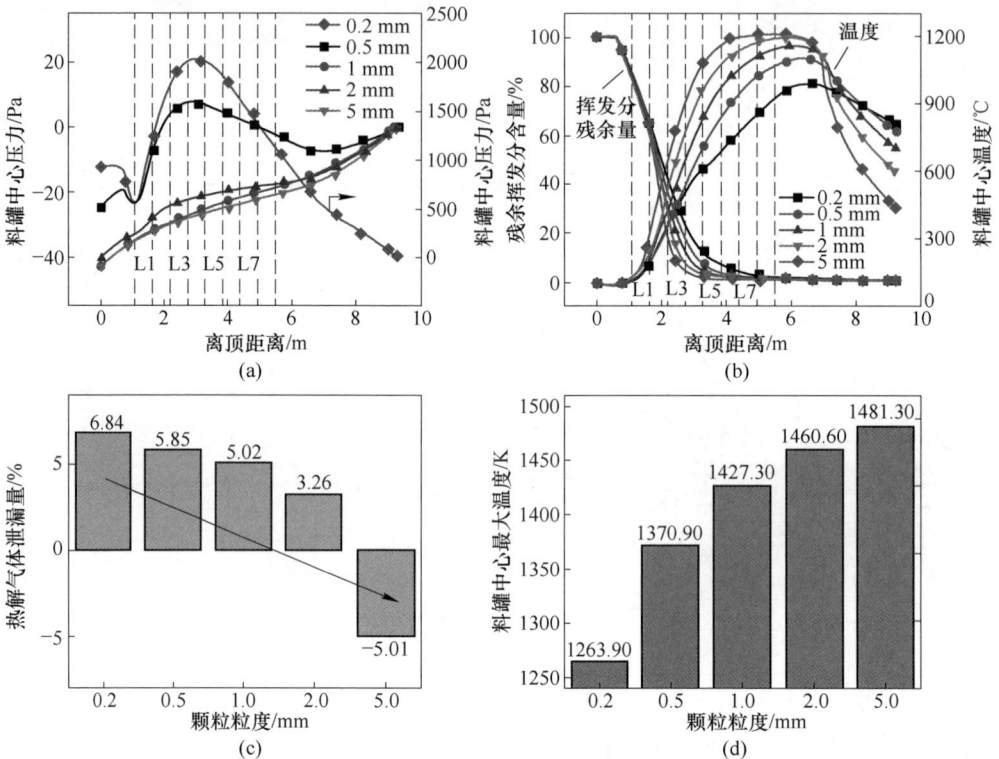

图7-3　不同等效颗粒粒度下罐内压力、温度、挥发分残余量及料罐出口热解气体泄漏量分布曲线
（a）料罐中心压力；（b）料罐中心温度及挥发分残余量；（c）热解气体泄漏量；（d）料罐中心最大温度

7.4.3　火道温度对挥发分走向的影响

图7-4 所示为不同火道温度下罐内压力、温度、挥发分残余量及料罐出口热解气体泄漏量的分布曲线。由图7-4（a）可知，当火道温度从 1100 ℃ 升高至 1200 ℃ 时，在距离炉顶小于 2 m 范围内（L1~L2 层火道对应的料罐区域），罐内处于负压状态，在 2~6 m 范围内（L3~L8 层火道对应的料罐区域）处于正压状态，在 6~9.3 m 范围内（冷却水套区域）处于负压状态，且随着火道温度的升

高，罐内压力相应降低。由图 7-4（b）和（c）可知，随着火道温度的增加，罐内的温度也相应增加，而料罐出口热解气体泄漏量相应减少。结合图 7-4（a）分析可知，这是由罐内正压逐渐减少导致的。当前工况条件下，料罐底部出口均有一定量的热解气体析出，这有可能造成"下火放炮"现象。因此提高火道温度是抑制"下火放炮"现象的有效措施。

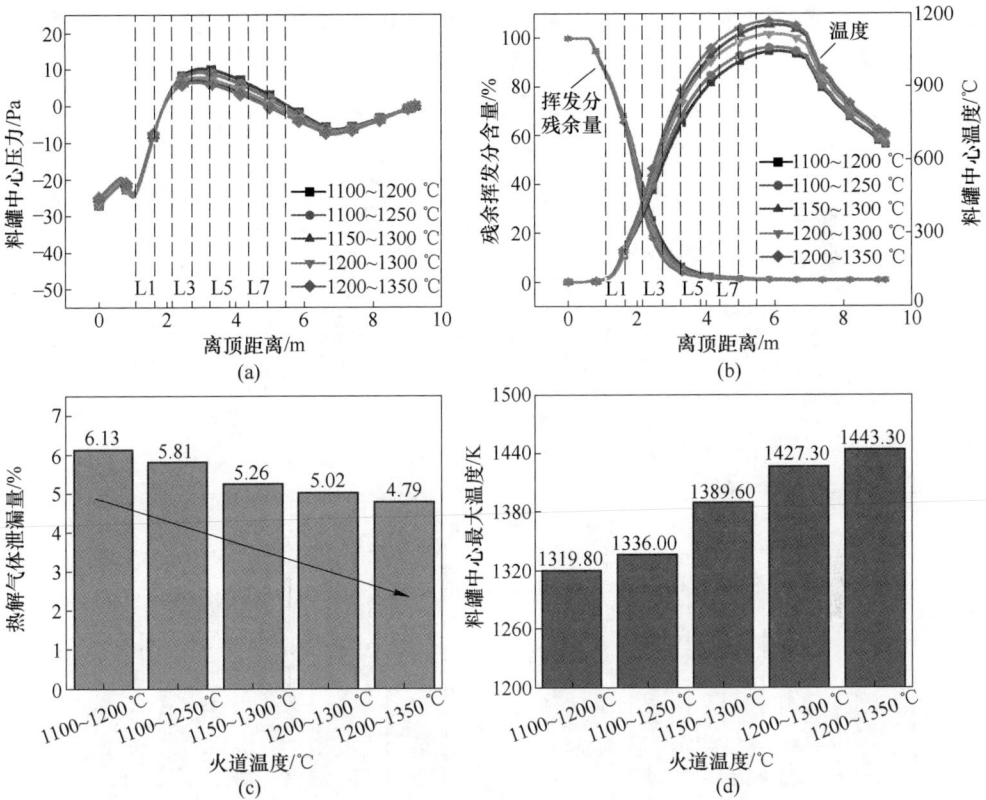

图 7-4　不同火道温度下罐内压力、温度、挥发分残余量及料罐出口热解气体泄漏量分布曲线
（a）料罐中心压力；（b）料罐中心温度及挥发分残余量；（c）热解气体泄漏量；（d）料罐中心最大温度

7.4.4　单位排料量对挥发分走向的影响

图 7-5 所示为不同排料量条件下罐内压力、温度、挥发分残余量及料罐出口热解气体泄漏量的分布曲线。由图 7-5（a）可知，当单位排料量为 65 kg/h 时，罐内始终处于负压状态，挥发分基本向上析出，发生"下火放炮"异常炉况的概率相对降低。当排料量增加至 75 kg/h，在距离炉顶 1.95~5.31 m 范围内（L3~L7 火道对应的料罐区域）罐内出现正压状态，即挥发分存在向下运动趋势，这

时有可能出现"下火放炮"的异常炉况。随着排料量从 75 kg/h 增加至 105 kg/h，罐内出现正压的区域逐渐增大。在 105 kg/h 的排料量条件下，距离罐顶 1.56～9.23 m 区域内，罐内均为正压状态。这意味着，大排料量下，挥发分极易随物料向下迁移，从排料口析出，导致"下火放炮"频繁发生。由图 7-5（b）和（c）可知，随着排料量的增加，罐内温度不断降低，而底部出口气体泄漏量不断增加。这是因为大排料量下，石油焦在罐内停留时间减少，石油焦加热时间变短，温度相对降低；同时罐内正压增大，热解气体向底部泄漏的概率变大。因此较低的排料量是防止"下火放炮"异常炉况频发的有效措施。

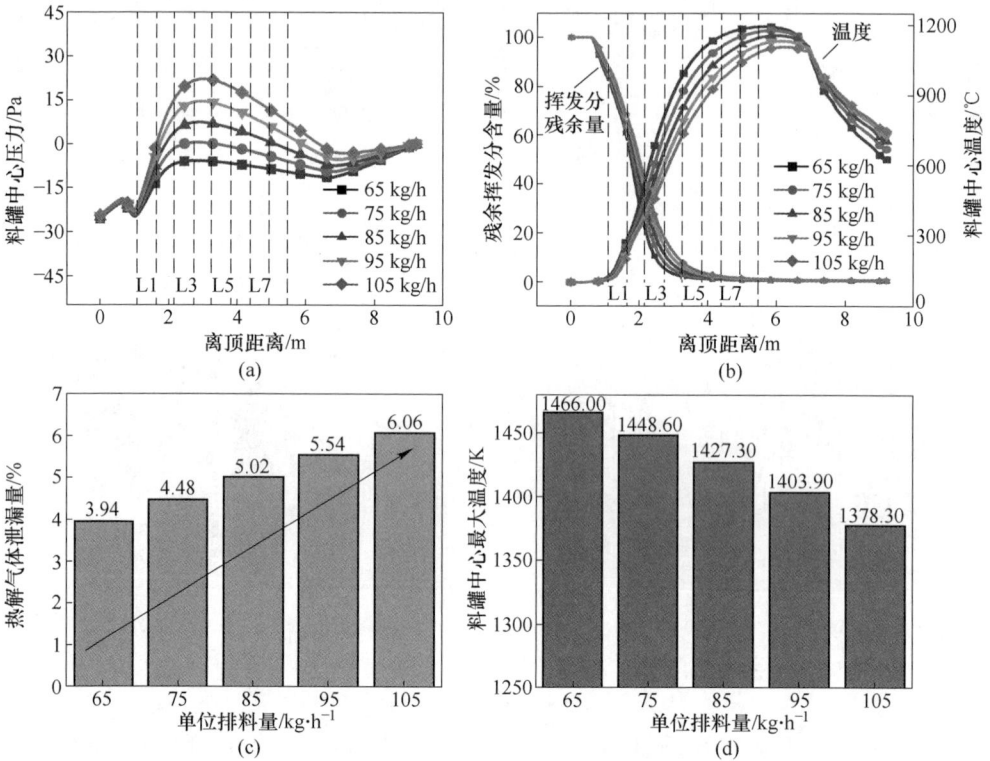

图 7-5　不同排料量下罐内压力、温度、挥发分残余量及料罐出口热解气体泄漏量分布曲线
（a）料罐中心压力；（b）料罐中心温度及挥发分残余量；（c）热解气体泄漏量；（d）料罐中心最大温度

7.4.5　挥发分含量对挥发分走向的影响

图 7-6 所示为不同挥发分含量下罐内压力、温度、挥发分残余量及料罐出口热解气体泄漏量的分布曲线。由图 7-6（a）可知，当石油焦挥发分含量小于 8% 时，整个罐内区域均处于负压状态，挥发分向上析出，经挥发分通道进入火道作为燃料，因此发生"下火放炮"现象的概率较低，然而由于石油焦煅烧属自热

过程，过低挥发分含量难以保证煅烧过程的温度平衡。当挥发分含量由 10% 增加至 14% 时，罐内处于正压状态的区域显著增加，由 2.03~5.34 m（L3~L7 对应的料罐区域）增大至 1.61~6.64 m（L1~L8 对应的料罐区域），表明挥发分含量越高，炉底发生"下火放炮"现象的概率也越高。由图 7-6（b）和（c）可知，随着挥发分含量的增加，罐内温度略微降低，而料罐出口热解气体泄漏量不断增加。这是因为挥发分热解吸收罐内大量热量，导致罐内温度降低；结合图 7-6（a），挥发分含量增加导致罐内正压大幅增加，料罐底部的热解气体泄漏量显著增加，挥发分含量由 6% 增加至 14% 时，挥发分泄漏量增加至 1.34 倍。

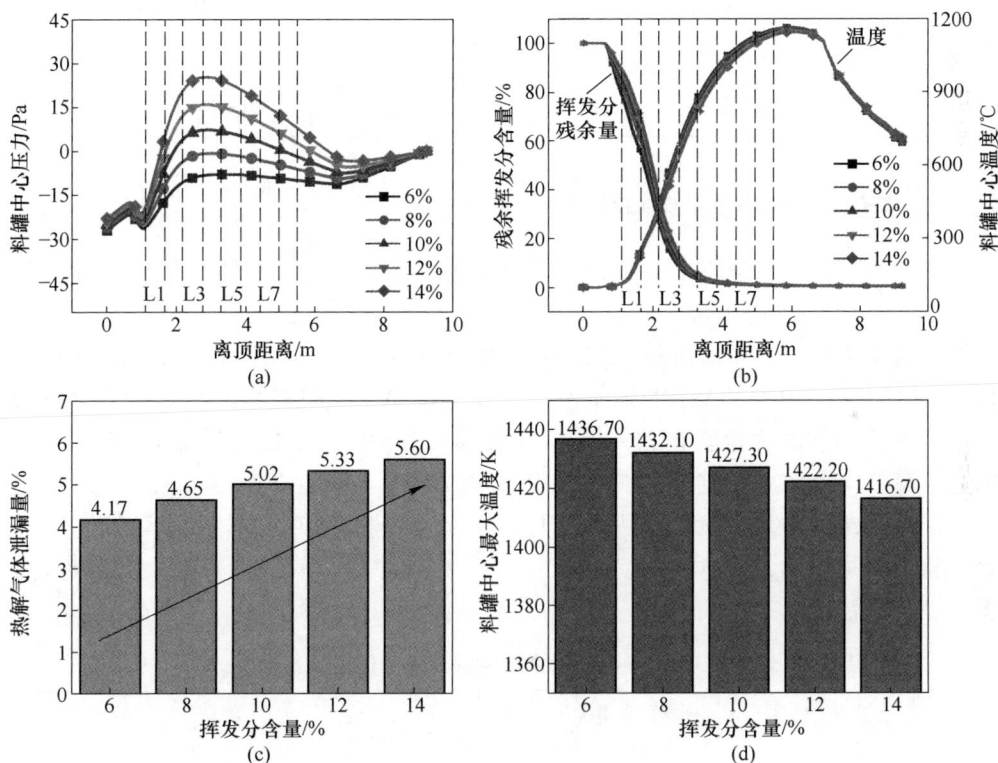

图 7-6 不同挥发分含量下罐内压力、温度、挥发分残余量及料罐出口热解气体泄漏量的分布曲线
（a）料罐中心压力；（b）料罐中心温度及挥发分残余量；
（c）热解气体泄漏量；（d）料罐中心最大温度

7.5 煅烧温度及气体泄漏量影响因素主次关系

采用正交水平实验方法，探究了颗粒粒度、挥发分、水分含量、单位排料量、负压、火道温度等 6 个因素对料罐中心最大温度及底部料罐气体泄漏量情况的影响占比及最优工艺条件。本实验工艺条件见表 7-3，每个实验变量设置 5 个水平。

表 7-3　罐式炉工艺优化实验正交实验表 L25（5⁶）

位级 （水平）	粒度 /mm	挥发分含量 /%	排料量 /kg·h⁻¹	水分含量 /%	负压 /Pa	火道温度 /℃
1	0.2	6	65	0	−15	1100~1200
2	0.5	8	75	1	−25	1100~1250
3	1	10	85	2	−35	1150~1300
4	2	12	95	3	−45	1200~1300
5	5	14	105	4	−55	1200~1350

7.5.1　中心最大煅烧温度影响因素主次关系

表 7-4 所列为实验值正交实验极差分析的结果。表 7-5 所列为实验值方差分析结果。通过分析得出最优条件即中心最大煅烧温度的工艺条件是粒度 5 mm、挥发分含量 6%、单位排料量 65 kg/h，水分含量 1%，负压 −15 Pa，火道温度 1200~1350 ℃。由表 7-5 中的偏差平方和分析可知，不同实验条件对料罐中心最大温度的影响程度为粒度 63.69%、火道温度 18.63%，单位排料量 12.72%、挥发分含量 2.46%、水分含量 1.73%、负压 0.78%，如图 7-7 所示。表 7-6 列出了罐式炉中心最大煅烧温度影响因素排序计算数据。由表 7-6 和图 7-7 可知，中心最大温度的影响因素由大到小为：粒度、挥发分含量、单位排料量、水分含量、负压、火道温度。

表 7-4　罐式炉中心最大煅烧温度影响因素极差分析

项	水平	粒度 /mm	挥发分含量 /%	排料量 /kg·h⁻¹	水分含量/%	负压/Pa	火道温度 /℃
k 值	1	4771.65	5566.95	5677.15	5481.25	5480.35	5177.45
	2	5290.25	5481.85	5561.55	5496.25	5453.45	5237.55
	3	5561.45	5389.05	5443.05	5481.35	5479.85	5446.85
	4	5725.65	5370.75	5315.55	5404.65	5406.85	5641.85
	5	5845.05	5385.45	5196.75	5330.55	5373.55	5690.35
	r	1073.4	196.2	480.4	165.7	106.8	512.9

续表7-4

项	水平	粒度/mm	挥发分含量/%	排料量/kg·h⁻¹	水分含量/%	负压/Pa	火道温度/℃
K值	1	954.33	1113.39	1135.43	1096.25	1096.07	1035.49
	2	1058.05	1096.37	1112.31	1099.25	1090.69	1047.51
	3	1112.29	1077.81	1088.61	1096.27	1095.97	1089.37
	4	1145.13	1074.15	1063.11	1080.93	1081.37	1128.37
	5	1169.01	1077.09	1039.35	1066.11	1074.71	1138.07
	R	214.68	39.24	96.08	33.14	21.36	102.58

表7-5　罐式炉中心最大煅烧温度影响因素方差分析

方差来源	偏差平方和	自由度	均方	F值	F临界值	p值	显著性
粒度/mm	145904.25	4.00	36476.06				
挥发分含量/%	5645.56	4.00	1411.39				
排料量/kg·h⁻¹	29135.02	4.00	7283.76				
水分含量/%	3959.46	4.00	989.86				
负压/Pa	1780.90	4.00	445.22				
火道温度/℃	42675.38	4.00	10668.84				
空列误差	0.00	0.00					
重复误差	0.00	0.00					
试验误差	0.00	0.00					
总误差	0.00	0.00					
总和	229100.57	24.00					

表7-6　罐式炉中心最大煅烧温度影响因素排序

项目	粒度	挥发分含量	排料量	水分含量	负压	火道温度
R值排序	1	4	3	5	6	2
最优水平	水平3	水平1	水平1	水平1	水平3	水平5
均方排序	1	4	3	5	6	2

7.5.2　气体泄漏量影响因素主次关系

表7-7所列为实验值正交实验极差分析的结果。表7-8所列为实验值方差分析结果。通过分析得出最优条件即最料罐底部气体泄漏量的工艺条件是粒度0.2 mm、挥发分含量12%、单位排料量85 kg/h、水分含量1.0%，负压-15 Pa、

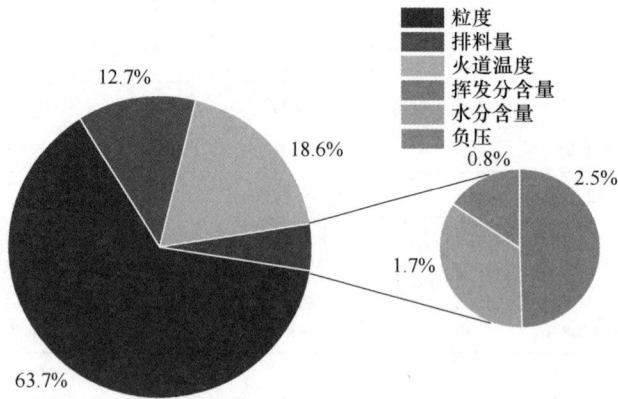

图 7-7　不同参数对罐式炉中心最大煅烧温度的影响比例

火道温度为 1200~1350 ℃。通过对方差结果中的偏差平方和进行分析，其中不同实验条件对底部气体泄漏量的影响程度为料罐顶部负压 25.08%、火道温度 18.34%、单位排料量 16.93%、水分含量 16.79%、挥发分含量 16.17%、颗粒等效粒度 6.70%，如图 7-8 所示。表 7-9 所列为罐式炉料罐底部气体泄漏量影响因素影响程度排序。由图 7-8 和表 7-9 分析可得，底部气体泄漏量的影响因素由大到小为：负压>火道温度>单位排料量>水分含量>挥发分含量>颗粒等效粒度。

表 7-7　罐式炉料罐底部气体泄漏量影响因素极差分析

项	水平	粒度/mm	挥发分含量 /%	排料量 /kg·h⁻¹	水分含量 /%	负压 /Pa	火道温度 /℃
k 值	1	37.71	-2.18	-41.49	-117.01	117.38	63.25
	2	31.37	-30.14	-114.15	80.03	68.93	15.90
	3	27.15	-106.96	97.81	68.96	22.19	-61.32
	4	13.02	102.24	40.83	29.42	-47.14	-102.28
	5	-87.36	58.94	38.90	-39.50	-139.47	106.35
	r	125.06	209.20	211.96	197.04	256.85	208.64
K 值	1	7.54	-0.44	-8.30	-23.40	23.48	12.65
	2	6.27	-6.03	-22.83	16.01	13.79	3.18
	3	5.43	-21.39	19.56	13.79	4.44	-12.26
	4	2.60	20.45	8.17	5.88	-9.43	-20.46
	5	-17.47	11.79	7.78	-7.90	-27.89	21.27
	R	25.01	41.84	42.39	39.41	51.37	41.73

表 7-8　罐式炉料罐底部气体泄漏量影响因素方差分析

方差来源	偏差平方和	自由度	均方	F 值	F 临界值	p 值	显著性
粒度/mm	2169.59	4	542.40				
挥发分含量/%	5237.01	4	1309.25				
排料量/kg·h^{-1}	5480.68	4	1370.17				
水分含量/%	5436.08	4	1359.02				
负压/Pa	8119.86	4	2029.96				
火道温度/℃	5938.05	4	1484.51				
空列误差	0	0					
重复误差	0	0					
试验误差	0	0					
总误差	0	0					
总和	32381.27	24					

表 7-9　罐式炉料罐底部气体泄漏量影响因素排名

项目	粒度	挥发分含量	排料量	水分含量	负压	火道温度
R 值排序	6	3	2	5	1	4
最优水平	水平4	水平1	水平4	水平2	水平5	水平3
均方排序	6	5	3	4	1	2

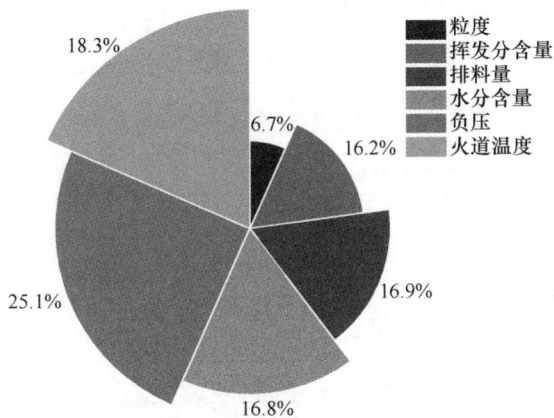

图 7-8　不同工艺参数对底部气体泄漏量的影响比例

7.5.3　煅烧温度与气体泄漏量混合指标综合评价

以料罐中心最大温度和料罐底部最小气体泄漏量（两个指标各占50%）为综合评价指标，对颗粒粒度、挥发分、水分含量、单位排料量、负压、火道温度等 6 个因素的影响程度进行评价，其极差分析、方差分析及影响程度评价等分析结果分别见表 7-10~表 7-12 和图 7-9。由上述图表分析可知，料罐中心温度和料罐底部气体泄漏量的最大影响因素为颗粒粒度，占比 52.21%；其次为火道温度（占比 18.04%），排料量（占比 17.87%）、挥发分含量（占比 5.84%）、水分含量（占比 3.46%），负压（占比 2.57%）。

表 7-10　煅烧温度与气体泄漏量综合指标影响因素极差分析

项	水平	粒度/mm	挥发分含量/%	排料量/kg·h⁻¹	水分含量/%	负压/Pa	火道温度/℃
	1	1.16	2.51	2.77	2.64	2.09	1.74
	2	1.99	2.44	2.76	2.20	2.16	1.95
k 值	3	2.43	2.47	2.08	2.21	2.31	2.45
	4	2.72	1.96	2.01	2.18	2.36	2.85
	5	3.14	2.08	1.83	2.22	2.52	2.45
	r	1.97	0.55	0.94	0.46	0.42	1.11
	1	0.23	0.50	0.55	0.53	0.42	0.35
	2	0.40	0.49	0.55	0.44	0.43	0.39
K 值	3	0.49	0.49	0.42	0.44	0.46	0.49
	4	0.54	0.39	0.40	0.44	0.47	0.57
	5	0.63	0.42	0.37	0.44	0.50	0.49
	R	0.39	0.11	0.19	0.09	0.08	0.22

表 7-11　煅烧温度与气体泄漏量综合指标影响因素方差分析

方差来源	偏差平方和	自由度	均方	F 值	F 临界值	p 值	显著性
粒度/mm	0.46	4	0.11				
挥发分含量/%	0.05	4	0.01				
排料量/kg·h⁻¹	0.16	4	0.04				
水分含量/%	0.03	4	0.01				
负压/Pa	0.02	4	0.01				
火道温度/℃	0.16	4	0.04				
空列误差	0.00	0					
重复误差	0.00	0					
试验误差	0.00	0					
总误差	0.00	0					
总和	0.87	24					

表 7-12　煅烧温度与气体泄漏量综合指标影响因素排名

项目	粒度	挥发分含量	排料量	水分含量	负压	火道温度
R 值排序	1	4	3	5	6	2
最优水平	水平 4	水平 1	水平 1	水平 2	水平 5	水平 5
均方排序	1	4	3	5	6	2

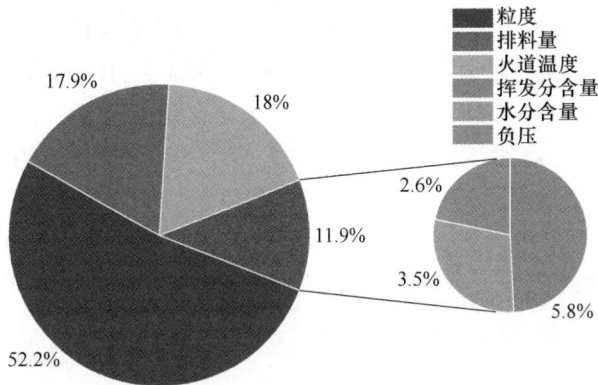

图 7-9　不同工艺参数对综合指标的影响比例

7.6　本　章　小　结

综上所述，本章采用计算流体力学（CFD）技术构建罐式炉煅烧石油焦过程仿真模型，研究不同因素对罐内压力及挥发分走向的影响规律。研究结果表明：

（1）颗粒粒度是控制罐内压力和挥发分走向的最重要且最有效的因素。当等效粒径 d_p 为 1 mm 时，在距离炉顶 1.74～6.14 m 范围内（L2～L8 火道对应区域），罐内处于正压状态，挥发分向下迁移的概率极高，易发生下火放炮异常炉况。当 $d_p \geq 5$ mm，底部不仅无气体泄漏，而且向罐内反向吸入一定量的空气，发生"下火放炮"现象的概率极低。

（2）中心最大温度的影响因素由大到小为火道温度、单位排料量、水分含量、挥发分含量、粒度、负压。料罐中心最大温度的影响程度为：粒度 63.69%、火道温度 18.63%，单位排料量 12.72%、挥发分含量 2.46%、水分含量 1.73%、负压 0.78%。因此，对控制料罐中的石油焦煅烧应主要控制粒度、火道温度和单位排料量。

（3）底部气体泄漏量的影响因素由大到小为：负压>颗粒等效粒度>水分含量>单位排料量>火道温度>挥发分含量。底部气体泄漏量的影响程度为：料罐顶部负压 25.08%、火道温度 18.34%、单位排料量 16.93%、水分含量 16.79%、挥发分含量 16.17%、颗粒等效粒度 6.70%。

（4）粒度、火道温度、排料量及挥发分含量均对罐内压力和挥发分走向有一定的影响。火道温度越高，料罐中心的压力越低，料罐出口的热解气体泄漏量也随之降低。单位排料量和挥发分含量越大，料罐中心的压力也越大，料罐出口的热解气体泄漏量也相应增加。因此，适当增大火道负压、提高火道温度、降低排料量和挥发分含量也是抑制"下火放炮"异常炉况的有效措施。

（5）通过正交实验分析了粒度、挥发分、水分含量、单位排料量、负压、火道温度等6个因素对料罐中心最大温度及底部料罐气体泄漏量的影响程度。结果表明，若以料罐中心最大温度为评价指标，各因素的影响程度由大到小为粒度、火道温度、单位排料量、挥发分含量、水分含量、负压；若以料罐底部气体泄漏量为评价指标，各因素的影响程度由大到小为：负压>火道温度>单位排料量>水分含量>挥发分含量>颗粒等效粒度；若以料罐中心最大温度和料罐底部最小气体泄漏量（两个指标各占50%）为综合评价指标，各因素的影响程度由大到小排序为：颗粒粒度>火道温度>排料量>挥发分含量>水分含量>负压。

8 罐式炉尺寸结构对罐内温度分布影响规律研究

8.1 概 述

将第 7 章开发的罐式炉煅烧石油焦过程的三维数学模型，探讨料罐长度、火道层数、火道宽度、火道高度等几何参数对罐内温度变化的影响机制，并进一步探讨了罐式炉几何结构优化策略。

8.2 高排料量大尺寸罐式炉结构优化研究

8.2.1 工况条件

为研究罐式炉几何尺寸对料罐温度分布的影响，在单位排料量为 115 kg/h、130 kg/h 两种工况条件前提下，进行不同几何尺寸参数条件的数值模拟，见表8-1。

表 8-1 不同几何尺寸计算条件

算例	料罐厚度/m	料罐宽度/m	火道层数	火道高度/m
1	0.18	1.92	8	0.48
2	0.27	1.92	8	0.48
3	0.36	1.92	8	0.48
4	0.45	1.92	8	0.48
5	0.54	1.92	8	0.48
6	0.36	1.40	8	0.48
7	0.36	1.66	8	0.48
8	0.36	2.18	8	0.48
9	0.36	2.44	8	0.48
10	0.36	1.92	6	0.48
11	0.36	1.92	10	0.48

算例	料罐厚度 /m	料罐宽度 /m	火道层数	火道高度 /m
12	0.36	1.92	12	0.48
13	0.36	1.92	14	0.48
14	0.36	1.92	8	0.38
15	0.36	1.92	8	0.43
16	0.36	1.92	8	0.53
17	0.36	1.92	8	0.58

工况 1：石油焦颗粒等效粒径 1.0 mm，外部环境压力为 1.01×10^5 Pa，料罐内顶部堆积料层负压 -35 Pa，石油焦中挥发分含量（质量分数，下同）为 14%，残余水分 3%，首层火道温度 1200 ℃，二层火道温度为 1350 ℃，每层火道温度逐层下降，至八层火道温度下降至 1200 ℃，单罐单位排料量 130 kg/h。

工况 2：石油焦颗粒等效粒径 1.0 mm，外部环境压力为 1.01×10^5 Pa，料罐内顶部堆积料层负压 -35 Pa，石油焦中挥发分含量（质量分数，下同）为 14%，残余水分 3%，首层火道温度为 1300 ℃，每层火道温度逐层下降，至八层火道温度下降至 1200 ℃，单罐单位排料量 115 kg/h。

8.2.2　料罐厚度

在相同结构尺寸条件下，研究不同的料罐厚度对料罐内的温度分布影响规律，结果如图 8-1 所示。工况 1 条件下的料罐中心最大温度、罐内最大压力、罐

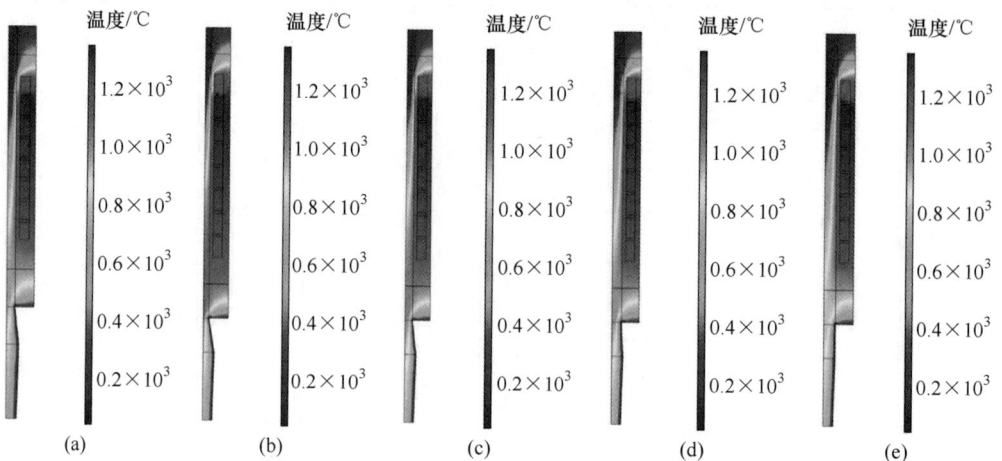

图 8-1　不同料罐厚度下 $x=0$ 截面炉内温度云图

（a）0.18 m；（b）0.27 m；（c）0.36 m；（d）0.45 m；（e）0.54 m

内最小压力、残余挥发分含量和炉底气体泄漏量见表 8-2。结合图 8-1 和表 8-2 可知，随着料罐厚度从 0.18 m 增大至 0.54 m，料罐中心的最大煅烧温度呈现不断减小的趋势，由 1472 K 减小至 1257 K。此外还发现随着料罐厚度的增加，残余挥发分含量不断增加，气体泄漏量也随着不断增加，由 4.96% 增加至 7.34%。这是因为料罐厚度的增加，料层内外温差进一步加大，导致中心料层的石油焦颗粒未能及时受热，中心煅烧温度降低，相应导致挥发分热解程度不足，来不及热解的石油焦在料罐底部仍在大量析出，导致底部挥发分泄漏量增加。

表 8-2 不同料罐厚度下料罐中心最大温度、罐内最大压力、
罐内最小压力、残余挥发物含量和炉底气体泄漏量

算例	料罐厚度 /m	气体泄漏量 /%	料罐中心 最大温度/K	最大罐 内压力/Pa	残余挥发 物含量/%	罐内最小 内力/Pa
1	0.18	4.96	1472	87.97	0.57	−21.78
2	0.27	6.26	1417.5	75.21	0.67	−19.15
3	0.36	7.06	1353.7	60.66	0.74	−20.82
4	0.45	7.34	1306.9	46.42	0.82	−21.52
5	0.54	6.70	1257	92.98	1.12	−19.81

图 8-2 所示为不同排料量（115 kg/h 和 130 kg/h）条件下，料罐中心最大温度和罐底气体泄漏量随着料罐厚度的变化曲线。由图 8-2 可知，115 kg/h 和 130 kg/h 两种排料量条件下，料罐中心最大温度和罐底气体泄漏量随料罐厚度的变化趋势基本一致，即罐底气体泄漏量随着料罐厚度的增加基本呈现不断增加的趋势，料罐中心最大温度随着料罐厚度的增加呈现不断减小的趋势。

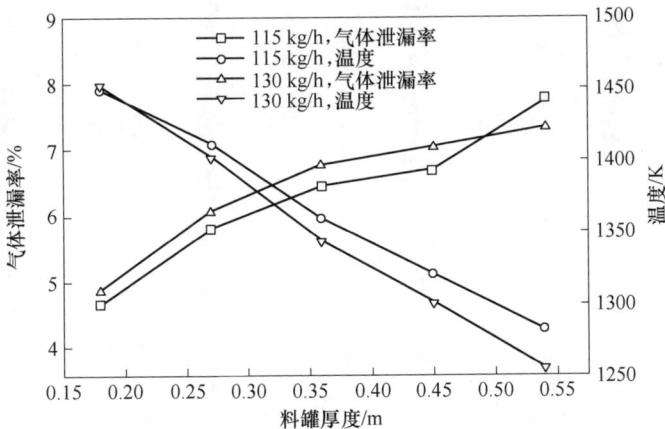

图 8-2 不同排料量（115 kg/h 和 130 kg/h）条件下，料罐中心最大温度和
罐底气体泄漏量随着料罐厚度的变化曲线

从图 8-2 可知，在料罐厚度为 0.18 m 时，不同工况的料罐中心温度一致，料罐中心温度随料罐厚度增加而线性降低；料罐底部气体泄漏量呈现非线性增加的趋势，在厚度为 0.26~0.45 m 时增加缓慢，高于 0.45 m 时又快速增加。

因此，尽管料罐厚度越低内外温差越小，但在综合考虑过低的料罐厚度导致颗粒卡料、壁面效应、颗粒下降运动速度过快及产能因素，料罐厚度控制在 0.26~0.46 m 区域较为适宜，这与目前工业过程中采用 0.36 m 作为常用的料罐厚度观点一致。

8.2.3　料罐宽度

在相同几何结构条件下，研究不同的料罐宽度对料罐内的温度分布影响规律，结果如图 8-3 所示。工况 1 条件下的料罐中心最大温度、罐内最大压力、罐内最小压力、残余挥发分含量和炉底气体泄漏量见表 8-3。结合图 8-3 和表 8-3 可知，随着料罐宽度从 1.40 m 增大至 2.44 m，料罐中心的最大煅烧温度呈现先略微减小后不断增大的趋势，在料罐宽度为 1.40 m 时，出现料罐中心的最大煅烧温度最低值 1260.60 K，当料罐宽度大于 1.40 m 时，料罐中心的最大煅烧温度不断增加，从 1260.60 K 增加至 1411.00 K。随着料罐宽度的增加，罐内最大压力不断减小，由 98.34 Pa 降低至 42.91 Pa；而罐内最小压力随着料罐宽度的增加也不断增加，由 -23.12 Pa 增加至 -18.64 Pa。此外还发现随着料罐宽度的增加，残余挥发分含量不断减少，气体泄漏量也随着不断减小，由 8.81% 减少至 5.94%。这是由于料罐厚度的增加，变相提高了火道的长度（火道长度覆盖两个料罐区域），烟气在火道内流动的路线更长，热能能够更加充分地进行储存和释

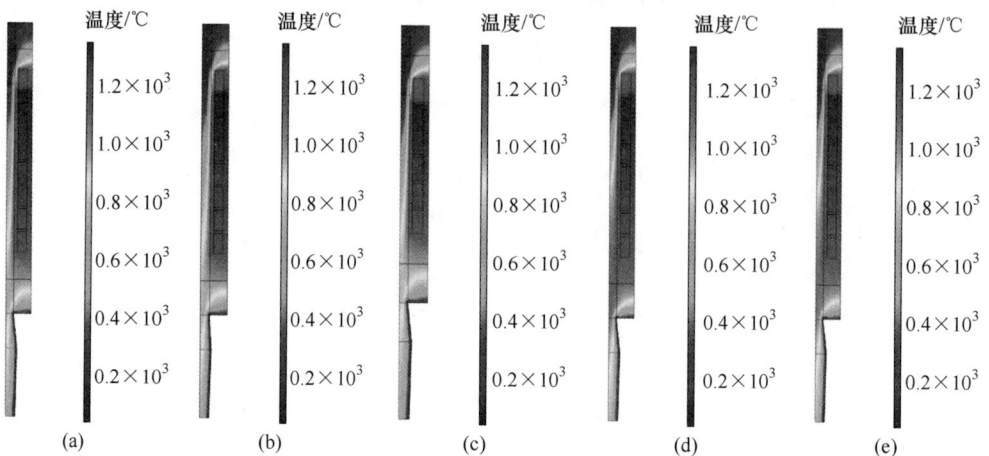

图 8-3　不同料罐宽度下 $x=0$ 截面炉内温度云图

（a）1.40 m；（b）1.66 m；（c）1.92 m；（d）2.18 m；（e）2.44 m

放。同时料罐宽度增加，在相同单位排料量情况下，石油焦颗粒单位下降速度下降，有利于颗粒的充分受热进一步驱除挥发分进而减小底部挥发分泄漏量。因此在大型罐式炉的设计中，提高料罐宽度是一个能够显著提高煅烧质量的有效手段。

表 8-3　不同料罐宽度条件下料罐中心最大温度、罐内最大压力、
罐内最小压力、残余挥发分含量和炉底气体泄漏量

算例	料罐宽度 /m	气体泄漏量 /%	料罐中心最大 温度/K	最大罐内 压力/Pa	残余挥发物 百分率/%	罐内最小 内力/Pa
6	1.40	8.81	1260.60	98.34	1.27	-23.12
7	1.66	7.70	1315.80	75.21	0.96	-21.68
3	1.92	7.06	1353.7	60.66	0.74	-20.82
8	2.18	6.41	1384.70	50.88	0.57	-18.80
9	2.44	5.94	1411.00	42.91	0.46	-18.64

图 8-4 所示为不同排料量（115 kg/h 和 130 kg/h）条件下，料罐中心最大温度和罐底气体泄漏量随着料罐宽度的变化曲线。由图 8-4 可知，115 kg/h 和 130 kg/h 两种排料量条件下，料罐中心最大温度和罐底气体泄漏量随料罐宽度的变化趋势基本一致，即罐底气体泄漏量随着料罐宽度的增加而减少，料罐中心最大温度随着料罐宽度的增加基本呈现不断增大的趋势。

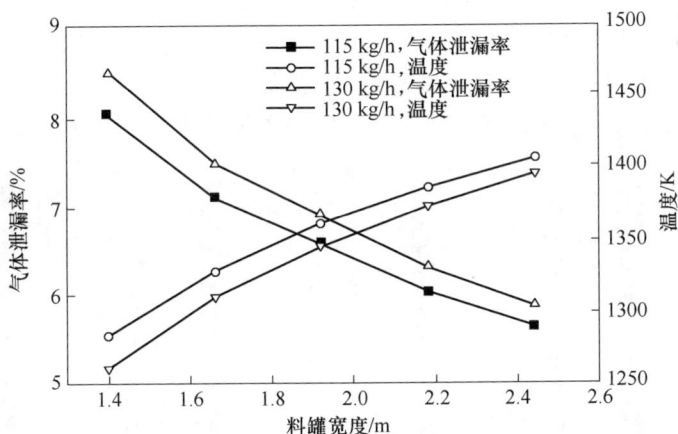

图 8-4　不同排料量（115 kg/h 和 130 kg/h）条件下，料罐中心
最大温度和罐底气体泄漏量随着料罐宽度的变化曲线

因此，在大型罐式炉结构设计过程中，为充分提高单位产能，提高料罐宽度是有效的改进手段。然而前期在料罐颗粒下降运动研究（见图 8-5）中也发现，

受料罐底部冷却水套结构影响，料罐区域内，基本符合活塞流运动趋势；冷却水套区域内，基本符合漏斗流运动趋势，过长的料罐宽度易导致中心区域物料下降速度偏快，进而影响中心区域物料的煅烧质量，因此，综合考虑底部冷却水套受力及物料下降流形，不能一味追求过高的料罐宽度。

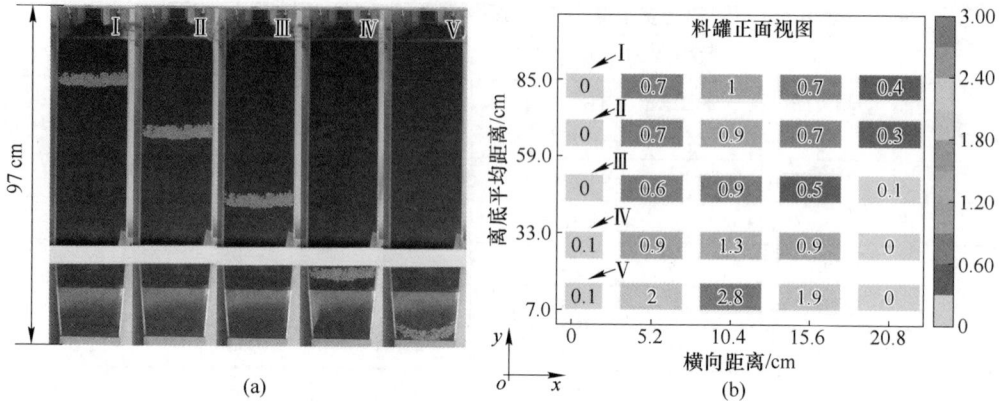

图 8-5　石油焦颗粒下降运动冷模实验

（a）冷态实验；（b）不同区域运动差异

8.2.4　火道层数

在相同工况条件下，研究不同的火道层数对料罐内的温度分布影响规律，结果如图 8-6 所示。工况 1 条件下的料罐中心最大温度、罐内最大压力、罐内最小压力、残余挥发分含量和炉底气体泄漏量见表 8-4。由表 8-4 及图 8-6 可知，随着火道层数的增加，料罐中心最大温度逐渐增大，由 1241.40 K 增加至 1478.80 K。由表 8-4 可知，随着火道层数的增加，罐内最大压力也不断增大，由 55.33 Pa 增

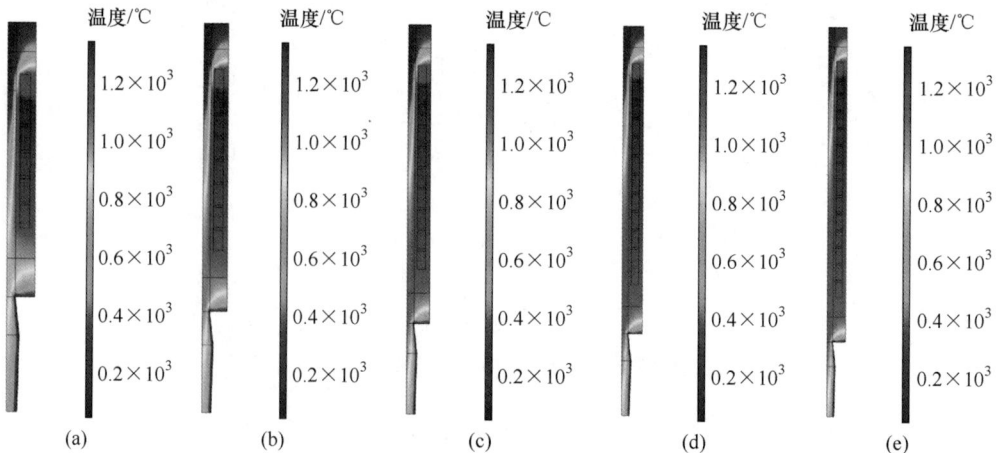

图 8-6　不同火道层数条件下炉内温度云图

（a）6 层火道；（b）8 层火道；（c）10 层火道；（d）12 层火道；（e）14 层火道

加至 69.78 Pa；而罐内最小压力随着火道层数的增加也不断增加，由-20.94 Pa 增加至-20.60 Pa。此外还发现随着火道层数的增加，残余挥发分含量不断减少，气体泄漏量也随着不断减小，由 8.43%减少至 4.83%。这是因为火道层数增加变相增加了料罐的高度，延长了石油焦在料罐内的停留时间，有利于石油焦的充分受热，从图 8-6 可以看出，当料罐层数大于 8 层时，料罐温度与 8 层火道温度逐步趋于一致。

表 8-4　不同火道层数条件下料罐中心最大温度、罐内最大压力、
罐内最小压力、残余挥发物含量和炉底气体泄漏量

算例	火道层数	气体泄漏量/%	料罐中心最大温度/K	最大罐内压力/Pa	残余挥发物含量/%	罐内最小内力/Pa
10	6	8.43	1241.40	55.33	1.26	-20.94
3	8	7.06	1353.7	60.66	0.74	-20.82
11	10	6.07	1420.30	64.16	0.54	-20.87
12	12	5.37	1457.30	67.29	0.42	-20.70
13	14	4.83	1478.80	69.78	0.34	-20.60

图 8-7 所示为不同排料量（115 kg/h 和 130 kg/h）条件下，料罐中心最大温度和罐底气体泄漏量随着火道层数的变化曲线。由图 8-7 可知，115 kg/h 和 130 kg/h 两种排料量条件下，料罐中心最大温度和罐底气体泄漏量随火道层数的变化趋势基本一致，即罐底气体泄漏量随着火道层数的增加而减少，料罐中心最大温度随着火道层数的增加基本呈现不断增大的趋势。随着火道层数的增加，不同排料量工艺条件下的中心温度差异逐渐减小。火道层数增加（料罐高度增加）可以提高石油焦煅烧程度，当达到一定的层数或高度时，料罐内温度与末层火道温度一致，此时再继续提高火道层数无法提升煅烧质量。

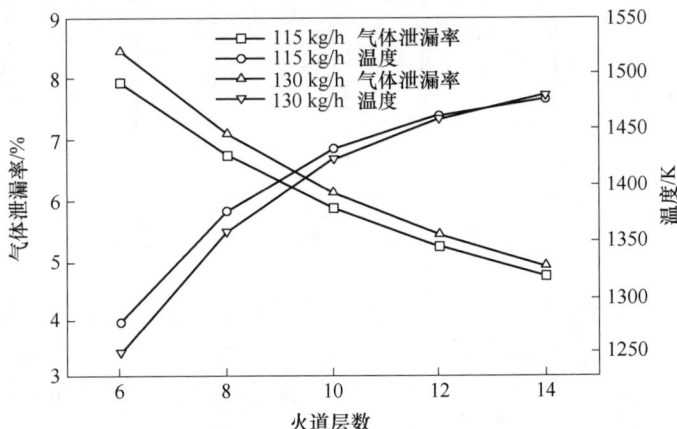

图 8-7　不同排料量（115 kg/h 和 130 kg/h）条件下，料罐
中心最大温度和罐底气体泄漏量随着火道层数的变化曲线

同时考虑火道层数增加进一步加大了操作难度和负压，建议火道层数控制在8~10层左右为宜。

8.2.5　火道高度

在相同结构尺寸条件下，研究不同的火道高度对料罐内的温度分布影响规律，结果如图8-8所示。工况1条件下的料罐中心最大温度、罐内最大压力、罐内最小压力、残余挥发分含量和炉底气体泄漏量见表8-5。由表8-5及图8-8可知，随着火道高度的增加，料罐中心最大温度逐渐增大，由1277.60 K增加至1406.50 K。由表8-5可知，随着火道高度的增加，罐内最大压力也不断增大，由56.46 Pa增加至64.60 Pa；而罐内最小压力随火道高度的增加也不断增加，由−20.77 Pa增加至−20.79 Pa。此外还发现随着料罐宽度的增加，残余挥发分含量不断减少，气体泄漏量也随着不断减小，由7.95%减少至6.34%。这是由于火道高度的增加，变相增加了料罐高度，延长了料罐中石油焦的受热时间；同时火道高度增加，增加了罐式炉的两侧壁面面积，散热量增加，也增大了火道横截面面积，根据传热学理论可知，气体流速变慢，对流换热系数变小，在一定程度上增加了烟气与壁面的换热量。

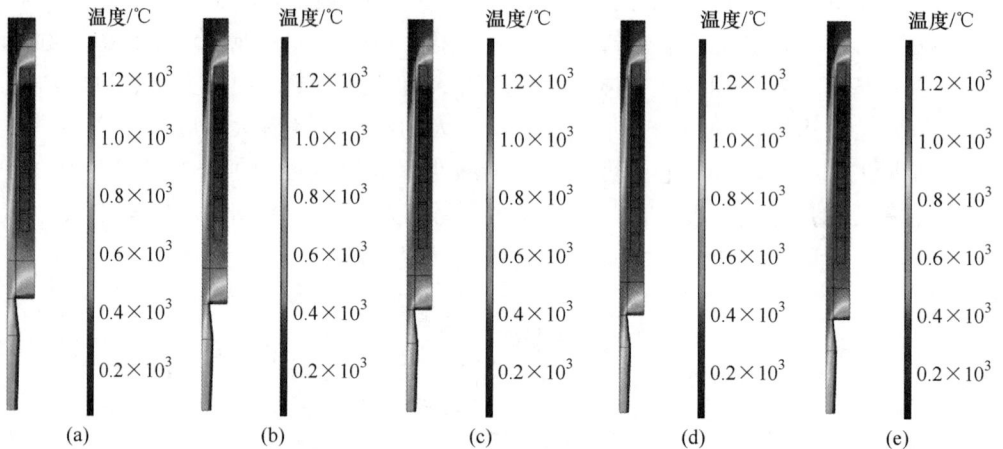

图8-8　不同火道高度条件下炉内温度云图

（a）0.38 m；（b）0.43 m；（c）0.48 m；（d）0.53 m；（e）0.58 m

图8-9所示为不同排料量（115 kg/h和130 kg/h）条件下，料罐中心最大温度和罐底气体泄漏量随着火道高度的变化曲线。由图8-9可知，115 kg/h和130 kg/h两种排料量条件下，料罐中心最大温度和罐底气体泄漏量随火道层数的变化趋势基本一致，即罐底气体泄漏量随着火道层数的增加而减少，料罐中心最大温度随着火道层数的增加基本呈现不断增大的趋势。因此，火道高度的提升的

影响与火道层数增加影响规律一致，在罐式炉结构设计中可进一步根据火道负压因素进行综合考虑。

表 8-5 不同火道层数条件下料罐中心最大温度、罐内最大压力、
罐内最小压力、残余挥发物含量和炉底气体泄漏量

算例	火道高度 /m	气体泄漏量 /%	料罐中心 最大温度/K	最大罐内 压力/Pa	残余挥发物 含量/%	罐内最小 内力/Pa
14	0.38	7.95	1277.60	56.46	1.06	−20.77
15	0.43	7.39	1319.30	58.81	0.87	−20.83
3	0.48	7.06	1353.7	60.66	0.74	−20.82
16	0.53	6.65	1383.30	62.76	0.65	−20.91
17	0.58	6.34	1406.50	64.60	0.57	−20.79

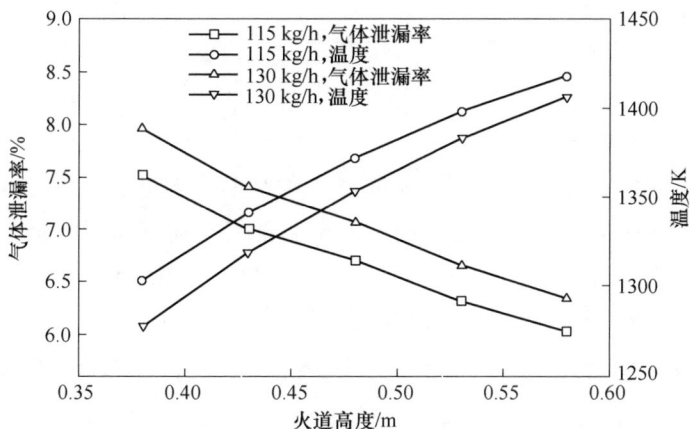

图 8-9 不同排料量（115 kg/h 和 130 kg/h）条件下，料罐中心
最大温度和罐底气体泄漏量随着火道高度的变化曲线

综上所述，改变罐式炉内几何结构在一定程度上影响了罐内温度分布和气体的泄漏量，石油焦煅烧产能提升可考虑增加料罐宽度、提高火道高度或层数来实现。

8.3 罐式炉几何结构影响程度评价

为进一步分析罐式炉几何结构，即料罐厚度、料罐宽度、火道层数和火道高度对罐内温度及罐底部气体泄漏量的影响程度，基于工况 1 条件，本章设计了

L9（3^4）正交实验，并以高罐内温度和低气体泄漏量为评价指标，综合分析了罐式炉几何结构的影响程度，具体实验设计和计算结果见表8-6。罐中心最大温度和罐底部气体泄漏量随罐式炉几何结构的变化曲线如图8-10所示。

表 8-6 罐式炉结构优化实验正交实验表 L9（3^4）及其实验结果

试验序号	料罐厚度 /m	料罐宽度 /m	火道层数	火道高度 /m	气体泄漏量/%	温度/K
1	0.18	1.4	6	0.38	8.86	1308
2	0.18	1.92	10	0.48	4.25	1496.9
3	0.18	2.44	14	0.58	2.88	1552.2
4	0.36	1.4	10	0.58	6.68	1399.3
5	0.36	1.92	14	0.38	5.49	1449.1
6	0.36	2.44	6	0.48	6.99	1314.8
7	0.54	1.4	14	0.48	7.89	1365.8
8	0.54	1.92	6	0.58	9.48	1186.4
9	0.54	2.44	10	0.38	6.91	1336

正交实验方差分析及影响程度评价等分析结果分别见表8-7和图8-10。由表8-7和图8-10可知，对罐中心最大温度和罐底部气体泄漏量影响最大的几何结构因素为火道层数，占比51.59%；其次为料罐厚度，占比36.12%；再次为料罐宽度，占比10.36%；影响程度最小的几何结构因素为火道高度，仅占比1.93%。

表 8-7 罐内温度与气体泄漏量综合指标罐式炉几何结构方差分析

方差来源	偏差平方和	自由度	均方	F 值	F 临界值	p 值	显著性
料罐厚度/m	1.09	2	0.54				
料罐宽度/m	0.31	2	0.16				
火道层数	1.56	2	0.78				
火道高度/m	0.06	2	0.03				
空列误差	0.00	0					
重复误差	0.00	0					
试验误差	0.00	0					
总误差	0.00	0					
总和	3.02	8					

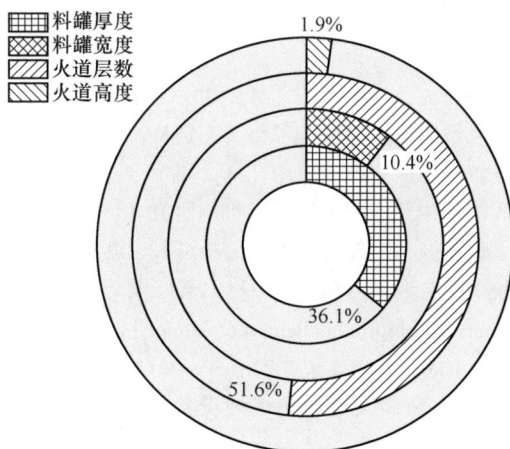

图 8-10　不同尺寸结构对料罐煅烧温度和挥发分泄漏量综合指标的影响程度

8.4　本章小结

　　利用建立的罐式炉多物理场仿真模型分析讨论了影响罐内温度场的各因素，并对罐式炉几何结构进行了优化，所得主要结论为：料罐厚度、料罐宽度、火道层数和火道高度等罐式炉几何结构各因素对罐内温度及罐底部气体泄漏量均表现出较强的影响规律，随着料罐厚度的增加，料罐中心的最大煅烧温度呈现不断减小的趋势，而罐底部气体泄漏量呈现不断增加的趋势；随着料罐宽度的增加，料罐中心的最大煅烧温度呈现先减小后增大的趋势，而罐底部气体泄漏量呈现不断减小的趋势；随着火道层数的增加，料罐中心的最大煅烧温度呈现不断增加的趋势，而罐底部气体泄漏量呈现不断减少的趋势；随着火道高度的增加，料罐中心的最大煅烧温度也呈现不断减小的趋势，而罐底部气体泄漏量也呈现不断增加的趋势。经正交实验方差分析可知，各因素的影响程度由大到小排序为：火道层数>料罐厚度>料罐宽度>火道高度。

参 考 文 献

[1] 姚广春. 冶金炭素材料性能及生产工艺 [M]. 北京：冶金工业出版社，1992.

[2] 姜玉敬，郎光辉. 铝电解用炭素材料技术与工艺 [M]. 北京：冶金工业出版社，2012.

[3] 王平甫，宫振. 铝电解炭阳极生产与应用 [M]. 北京：冶金工业出版社，2005.

[4] 方宁. 铝用炭阳极孔隙结构及成型裂纹形成机制研究 [D]. 北京：北京科技大学，2016.

[5] 赵艳. 关于铝用炭素设备及生产技术发展的分析 [J]. 黑龙江科学，2014，5 (4)：254.

[6] 于磊. 大型罐式煅烧炉综合利用与研究 [D]. 长沙：湖南大学，2013.

[7] EDWARDS L. The history and future challenges of calcined petroleum coke production and use in aluminum smelting [J]. JOM，2015，67 (2)：308-321.

[8] 胡素丽，龙琼，曾英. 石油焦及石油焦煅烧设备发展现状 [J]. 山西冶金，2015，38 (4)：7-8，35.

[9] MARIAS F，ROUSTAN H，PICHAT A. Modelling of a rotary kiln for the pyrolysis of aluminium waste [J]. Chemical Engineering Science，2005，60 (16)：4609-4622.

[10] ELKANZI E M. Simulation of the coke calcining processes in rotary kilns：Chemical product and process modeling [J]. Chemical Product and Process Modeling，2007，2 (3)：485-488.

[11] HENEIN H，BRIMACOMBE J K，WATKINSON A P. The modeling of transverse solids motion in rotary kilns [J]. Metallurgical Transactions B，1983，14 (2)：207-220.

[12] 王春华. 炭素煅烧回转窑热工过程及优化结构的研究 [D]. 沈阳：东北大学，2009.

[13] 张成虎. 延长煅烧炉寿命的实践 [J]. 轻金属，2008 (8)：38-39.

[14] 王平甫，罗英涛，宫振，等. 中国竖罐式炉煅烧石油焦技术分析与研讨 [J]. 炭素技术，2009，28 (4)：41-45.

[15] 黎文湘，袁应文. 煅前石油焦自动配料系统的应用 [J]. 炭素技术，2012，31 (2)：63-66.

[16] 雷雳光，盖朋波. 石油焦综合利用研究进展 [J]. 石油与天然气化工，2018，47 (5)：21-25.

[17] 王丽敏，张硕. 环保监管下石油焦的清洁利用研究 [J]. 当代石油石化，2017，25 (8)：31-35.

[18] 马路路，陈锋，马梦娟. 石墨化石油焦用作锂离子电池负极材料的研究 [J]. 石河子科技，2019 (1)：55-58.

[19] 戴杨，李茁，王峰，等. 乙醇的氢氧化钾溶液浸泡石油焦制备活性炭的研究 [J]. 应用化工，2021，50 (1)：90-93.

[20] 周善红，孙毅，刘朝东. 罐式煅烧炉数值模拟研究 [J]. 轻金属，2013 (12)：33-36.

[21] 王淼，卫俊涛，宋旭东，等. 石油焦煅烧脱硫研究进度 [J]. 炭素技术，2022，41 (5)：23-28，87.

[22] 黄胜. 石油焦的理化性质及其催化气化反应特性研究 [D]. 上海：华东理工大学，2013.

[23] 刘倩宇. 顺流罐式煅烧炉内物料的温度分布与相关问题的讨论 [J]. 炭素技术，2016，35 (1)：64-65.

［24］ 续正国. 提高煅烧质量初探［J］. 炭素技术, 1992, 11（5）: 27-30.

［25］ 孙传杰, 芦健, 林军. 硫分对罐式煅烧炉的影响［J］. 轻金属, 2004（1）: 45-47.

［26］ 蒋文忠. 炭素工艺学［M］. 北京: 冶金工业出版社, 2009.

［27］ PATISSON F, LEBAS E, HANROT F, et al. Coal pyrolysis in a rotary kiln: Part Ⅰ. Model of the pyrolysis of a single grain［J］. Metall. Mater. Trans. B, 2000, 31（2）: 381-390.

［28］ KOCAEFE D, CHARETTE A, CASTONGUAY L. Green coke pyrolysis: Investigation of simultaneous changes in gas and solid phases［J］. Fuel, 1995, 74（6）: 791-799.

［29］ KREBS V, ELALAOUI M, MARECHE J F, et al. Carbonization of coal-tar pitch under controlled atmosphere—Part Ⅰ: Effect of temperature and pressure on the structural evolution of the formed green coke［J］. Carbon, 1995, 33（5）: 645-651.

［30］ 肖国俊. 石油焦煅烧回转窑综合传热数学模型与数值模拟［D］. 武汉: 华中科技大学, 2007.

［31］ 李其祥. 炭素材料机械设备［M］. 北京: 冶金工业出版社, 1993.

［32］ 穆二军, 刘慧. 石油焦煅烧技术方案比较［J］. 炭素技术, 2013, 32（2）: 13-18.

［33］ 吕博. 罐式煅烧炉技术现状与发展方向探讨［J］. 炭素技术, 2015, 34（3）: 6-8.

［34］ LANG G, LIU R, QIAN K. Characteristic and development of production technology of carbon anode in China［C］//2008 TMS, 2008.

［35］ PERRUCHOUD R, TORDAI T, MANNWEILER U, et al. Coke calcination rotary kiln vs saft calcining［C］//2nd International Carbon Conference, Kunming, 2006.

［36］ 张志, 孙毅, 周善红. 提高罐式煅烧炉产品质量的方法浅析［J］. 炭素技术, 2011, 30（6）: 60-62.

［37］ 李猛, 刘明. 罐式煅烧炉排料机构传动性能仿真与研究［J］. 有色金属设计, 2016, 43（1）: 51-56.

［38］ 陈宁. 对罐式煅烧炉几个问题的讨论及设计改进［J］. 炭素技术, 2004, 23（5）: 36-40.

［39］ 王敏, 毛斌. 罐式炉煅烧生产中常见问题的分析与研究［J］. 轻金属, 2015（2）: 34-36.

［40］ MERRICK D. Mathematical models of the thermal decomposition of coal: The evolution of volatile matter［J］. Fuel, 1983, 62（5）: 534-539.

［41］ 季俊杰. 燃煤链条锅炉燃烧的数值建模及配风与炉拱的优化设计［D］. 上海: 上海交通大学, 2008.

［42］ 张世煜, 谢安国. 焦炉炭化室热过程的二维数值模拟［J］. 冶金能源, 2013, 32（1）: 20-25.

［43］ 李兴虎. 石油焦热值与其组成成分的关系分析［C］// 中国内燃机学会油品与清洁燃料分会第三届学术年会, 北京, 2011.

［44］ 沈伯雄, 刘德昌, 陆继东. 石油焦着火和燃烧燃烬特性的试验研究［J］. 石油炼制与化工, 2000, 31（10）: 60-64.

［45］ 沈伯雄. 石油焦燃烧特性的综合实验研究和模拟［D］. 武汉: 华中科技大学, 2000.

［46］ EDWARDS L C, NEYREY K J, LOSSIUS L P. A review of coke and anode desulfurization ［J］. Essential Readings in Light Metals: Electrode Technology for Aluminum Production, 2007, 4: 130-135.

［47］ ALFORD H E, MARSH E N. Process for the desulfurization of petroleum coke: U S Patent, 4146434 ［P］. 1979-03-27.

［48］ ELKADDAH N, EZZ S Y. Thermal desulfurization of ultra high sulfur petroleum coke ［J］. Fuel, 1973, 52 (2): 128-129.

［49］ XIAO J, ZHONG Q, LI F, et al. Modeling the change of green coke to calcined coke using Qingdao high-sulfur petroleum coke ［J］. Energy & Fuels, 2015, 29 (5): 3345-3352.

［50］ 李秀川. 浅谈石油焦配料对煅烧炉的影响 ［J］. 有色冶金节能, 2013 (3): 33-34.

［51］ ZHAO J, ZHAO Q, ZHAO Q. The new generation of vertical shaft calciner technology ［C］// Light Metals 2011, Hoboken, NJ, 2011.

［52］ EDWARDS L. Quality and process performance of rotary kilns and shaft calciners ［C］// Light Metals 2011, Warrendale, PA, 2011.

［53］ 施承教, 孙传杰. 不停炉更换罐式炉水套 ［J］. 轻金属, 1998 (8): 42-44.

［54］ 毛斌, 许建华, 王存富. 罐式煅烧炉运行中几个常见问题的探讨 ［J］. 甘肃冶金, 2008, 30 (2): 37-39.

［55］ 李秀莉. 利用罐式煅烧炉烟气进行余热发电的可行性研究 ［J］. 应用能源技术, 2010 (1): 36-39.

［56］ PERRON J, NGUYEN H T, BUI R T. Modélisation d'un four de calcination du coke de pétrole: Ⅱ. Simulation du procédé ［J］. The Canadian Journal of Chemical Engineering, 1992, 70 (6): 1120-1131.

［57］ MARTINS M A, OLIVEIRA L S, FRANCA A S. Modeling and simulation of petroleum coke calcination in rotary kilns ［J］. Fuel, 2001, 80 (11): 1611-1622.

［58］ 肖国俊, 丁学俊, 陈汉平, 等. 石油焦煅烧回转窑综合传热过程数值模拟 ［J］. 过程工程学报, 2007, 7 (5): 883-888.

［59］ 沈利飞, 陈文仲, 冯明杰, 等. 炭素回转窑燃烧的数值模拟 ［C］//2004 全国能源与热工学术年会, 云南昆明, 2004.

［60］ 沈利飞. 炭素回转窑工况分析和初步数值模拟 ［D］. 沈阳: 东北大学, 2005.

［61］ ZHANG Z, WANG T. Investigation of combustion and thermal-flow inside a petroleum coke rotary calcining kiln with potential energy saving considerations ［J］. Journal of Thermal Science & Engineering Applications, 2013, 5 (1): 1-13.

［62］ ZHANG Z, WANG T. Simulation of combustion and thermal-flow inside a petroleum coke rotary calcining kiln: Part 1—process review and modeling ［C］//ASME 2009 International Mechanical Engineering Congress and Exposition, 2009.

［63］ 周萍, 刘朝东, 周乃君, 等. 石油焦煅烧回转窑内多场耦合数值仿真与操作参数的优化 ［J］. 炭素技术, 2006, 25 (2): 1-5.

［64］ FAN J, ZHANG H. An effective control method of the coke calcining kiln ［C］//IEEE

International Conference on Industrial Technology, 1996.

［65］ 周善红，罗立军．罐式煅烧炉数值仿真与优化研究［J］．炭素技术，2014，33（2）：52-54.

［66］ 张忠霞，龚石开，杨运川．基于 PDF 模型的罐式煅烧炉仿真研究［J］．炭素技术，2015，34（4）：25-30.

［67］ CHEN J, AKIYAMA T, NOGAMI H, et al. Modeling of solid flow in moving beds［J］. ISIJ International, 1993, 33（6）：664-671.

［68］ YAGI J I. Mathematical modeling of the flow of four fluids in a packed bed.［J］. Transactions of the Iron & Steel Institute of Japan, 1993, 33（6）：619-639.

［69］ ZHOU Z, ZHU H, YU A, et al. Discrete particle simulation of solid flow in a model blast furnace［J］. ISIJ International, 2005, 45（12）：1828-1837.

［70］ 张建良，邱家用，国宏伟，等．基于三维离散元法的无钟高炉装料行为［J］．北京科技大学学报，2013，35（12）：1643-1652.

［71］ 李强，冯明霞，高攀，等．高炉内炉料流动模式及力链分布的离散元模拟［J］．东北大学学报（自然科学版），2012，33（5）：677-680.

［72］ 李超，程树森，赵国磊，等．串罐式无钟高炉炉顶炉料运动的离散元分析［J］．过程工程学报，2015，15（1）：1-8.

［73］ FENG Y H, ZHANG X X, WU M L. Experimental study on the effects of blast-cap configurations and charge patterns on coke descending in CDQ cooling shaft［J］. Heat Transfer—Asian Research, 2008, 37（6）：352-358.

［74］ 于泉，张欣欣，冯妍卉，等．干熄炉内焦炭下降的粘性流模型及其比较研究［J］．工业加热，2005，34（1）：11-13.

［75］ ZHAO Y, LU B, ZHONG Y. Influence of collisional parameters for rough particles on simulation of a gas-fluidized bed using a two-fluid model［J］. International Journal of Multiphase Flow, 2015, 71：1-13.

［76］ GUO Z, TANG H. Numerical simulation for a process analysis of a coke oven［J］. China Particuology, 2005, 3（6）：373-378.

［77］ KRAUSE B, LIEDMANN B, WIESE J, et al. Coupled three dimensional DEM-CFD simulation of a lime shaft kiln—Calcination, particle movement and gas phase flow field［J］. Chemical Engineering Science, 2015, 134：834-849.

［78］ WU K, de MARTÍN L, MAZZEI L, et al. Pattern formation in fluidized beds as a tool for model validation：A two-fluid model based study［J］. Powder Technology, 2016, 295：35-42.

［79］ LIN P, JI J, LUO Y, et al. A non-isothermal integrated model of coal-fired traveling grate boilers［J］. Applied Thermal Engineering, 2009, 29（14/15）：3224-3234.

［80］ 李江宁．焦炉火道温度的多目标优化与控制方法研究［D］．沈阳：东北大学，2011.

［81］ 孙旭晨．新型干法水泥回转窑烧成带温度软测量方法研究［D］．沈阳：沈阳理工大学，2014.

［82］ 杨天华．煤燃烧脱硫过程中高温物相固硫基础研究［D］．杭州：浙江大学，2004.

［83］ 吴俐俊，高秀晶，王树．基于灰色关联度的高炉冷却壁整体优化［J］．同济大学学报（自然科学版），2013，41（12）：1885-1888．

［84］ 李爱莲，赵永明，崔桂梅．基于灰色关联分析的 ELM 高炉温度预测模型［J］．钢铁研究学报，2015，27（11）：33-37．

［85］ 秦庆伟．铝电解惰性阳极及腐蚀率预测研究［D］．长沙：中南大学，2004．

［86］ 陈湘涛．数据仓库与数据挖掘技术在新型铝电解控制系统中的应用研究［D］．长沙：中南大学，2004．

［87］ YANG H, SONG H, ZHAO C, et al. Catalytic gasification reactivity and mechanism of petroleum coke at high temperature［J］. Fuel, 2021, 293：120469.

［88］ LEION H, MATTISSON T, LYNGFELT A. The use of petroleum coke as fuel in chemical-looping combustion［J］. Fuel, 2007, 86（12/13）：1947-1958.

［89］ WANG J, ANTHONY E J, ABANADES J C. Clean and efficient use of petroleum coke for combustion and power generation［J］. Fuel, 2004, 83（10）：1341-1348.

［90］ MANASRAH A D, NASSAR N N, ORTEGA L C. Conversion of petroleum coke into valuable products using oxy-cracking technique［J］. Fuel, 2018, 215：865-878.

［91］ SHAN Y, GUAN D, MENG J, et al. Rapid growth of petroleum coke consumption and its related emissions in China［J］. Applied Energy, 2018, 226：494-502.

［92］ SATHIYA PRABHAKARAN S P, SWAMINATHAN G, VIRAJ V J. Thermogravimetric analysis of hazardous waste：Pet-coke, by kinetic models and Artificial neural network modeling［J］. Fuel, 2021, 287：119470.

［93］ TRIPATHI N, SINGH R S, HILLS C D. Microbial removal of sulphur from petroleum coke（petcoke）［J］. Fuel, 2019, 235：1501-1505.

［94］ HUANG J, LI J, LI M, et al. Orthogonal design-based grey relational analysis for influence of factors on calcination temperature in shaft calciner［J］. Journal of Chemical Engineering of Japan, 2019, 52（11）：811-821.

［95］ XIAO J, ZHANG Y, ZHONG Q, et al. Reduction and desulfurization of petroleum coke in ammonia and their thermodynamics［J］. Energy & Fuels, 2016, 30（4）：3385-3391.

［96］ XIAO J, LI F, ZHONG Q, et al. Effect of high-temperature pyrolysis on the structure and properties of coal and petroleum coke［J］. Journal of Analytical and Applied Pyrolysis, 2016, 117：64-71.

［97］ SHEN B, LIU D, CHEN H. A study of the mechanism of petroleum coke pyrolysis［J］. Developments in Chemical Engineering and Mineral Processing, 2008, 8（3/4）：351-358.

［98］ AFROOZ I E, CHUAN CHING D L. A modified model for kinetic analysis of petroleum coke［J］. International Journal of Chemical Engineering, 2019, 2019：2034983.

［99］ XING J, LUO K, PITSCH H, et al. Predicting kinetic parameters for coal devolatilization by means of Artificial Neural Networks［J］. Proceedings of the Combustion Institute, 2019, 37（3）：2943-2950.

［100］ DUBDUB I, AL-YAARI M. Pyrolysis of low density polyethylene：Kinetic study using TGA data and ANN prediction [J]. Polymers, 2020, 12 (4): 891.

[101] GOVINDAN B, CHANDRA BABU JAKKA S, RADHAKRISHNAN T K, et al. Investigation on kinetic parameters of combustion and oxy-combustion of calcined pet coke employing thermogravimetric analysis coupled to artificial neural network modeling [J]. Energy & Fuels, 2018, 32 (3): 3995-4007.

[102] WEI H, LUO K, XING J, et al. Predicting co-pyrolysis of coal and biomass using machine learning approaches [J]. Fuel, 2022, 310: 122248.

[103] Al-YAARI M, DUBDUB I. Pyrolytic behavior of polyvinyl chloride: Kinetics, mechanisms, thermodynamics, and artificial neural network application [J]. Polymers, 2021, 13 (24): 4359.

[104] MURAVYEV N V, LUCIANO G, ORNAGHI H L, et al. Artificial neural networks for pyrolysis, thermal analysis, and thermokinetic studies: The status quo [J]. Molecules, 2021, 26 (12): 3727.

[105] MERDUN H, SEZGIN I V. Modelling of pyrolysis product yields by artificial neural networks [J]. International Journal of Renewable Energy Research, 2018, 8 (2): 1178-1188.

[106] HOUGH B R, BECK D A C, SCHWARTZ D T, et al. Application of machine learning to pyrolysis reaction networks: Reducing model solution time to enable process optimization [J]. Computers & Chemical Engineering, 2017, 104: 56-63.

[107] KANG J, ZANG L, LI W, et al. Artificial neural network model of co-gasification of petroleum coke with coal or biomass in bubbling fluidized bed [J]. Renewable Energy, 2022, 194: 359-365.

[108] NAQVI S R, TARIQ R, HAMEED Z, et al. Pyrolysis of high-ash sewage sludge: Thermo-kinetic study using TGA and artificial neural networks [J]. Fuel, 2018, 233: 529-538.

[109] YOUSEF S, EIMONTAS J, STRIŪGAS N, et al. Modeling of metalized food packaging plastics pyrolysis kinetics using an independent parallel reactions kinetic model [J]. Polymers, 2020, 12 (8): 1763.

[110] SUN Y, BAI F, LÜ X, et al. Kinetic study of Huadian oil shale combustion using a multi-stage parallel reaction model [J]. Energy, 2015, 82: 705-713.

[111] BAI F, GUO W, LÜ X, et al. Kinetic study on the pyrolysis behavior of Huadian oil shale via non-isothermal thermogravimetric data [J]. Fuel, 2015, 146: 111-118.

[112] ZHONG Q, MAO Q, ZHANG L, et al. Structural features of Qingdao petroleum coke from HRTEM lattice fringes: Distributions of length, orientation, stacking, curvature, and a large-scale image-guided 3D atomistic representation [J]. Carbon, 2018, 129: 790-802.

[113] YU X, YU D, YU G, et al. Temperature-resolved evolution and speciation of sulfur during pyrolysis of a high-sulfur petroleum coke [J]. Fuel, 2021, 295: 120609.

[114] YU X, YU D, LIU F, et al. High-temperature pyrolysis of petroleum coke and its correlation to in-situ char-CO_2 gasification reactivity [J]. Proceedings of the Combustion Institute, 2021, 38 (3): 3995-4003.

［115］ SANTOS K G, LOBATO F S, LIRA T S, et al. Sensitivity analysis applied to independent parallel reaction model for pyrolysis of bagasse ［J］. Chemical Engineering Research and Design, 2012, 90 (11): 1989-1996.

［116］ CHEN F, ZHANG F, YANG S, et al. Investigation of non-isothermal pyrolysis kinetics of waste industrial hemp stem by three-parallel-reaction model ［J］. Bioresource Technology, 2022, 347: 126402.

［117］ SFAKIOTAKIS S, VAMVUKA D. Development of a modified independent parallel reactions kinetic model and comparison with the distributed activation energy model for the pyrolysis of a wide variety of biomass fuels ［J］. Bioresource Technology, 2015, 197: 434-442.

［118］ LI J, HUANG J. Thermal debinding kinetics of gelcast ceramic parts via a modified independent parallel reaction model in comparison with the multiple normally distributed activation energy model ［J］. ACS Omega, 2022, 7 (23): 20219-20228.

［119］ WANG M, LI Z, HUANG W, et al. Coal pyrolysis characteristics by TG-MS and its late gas generation potential ［J］. Fuel, 2015, 156: 243-253.

［120］ CAMPBELL J H. Pyrolysis of subbituminous coal in relation to in-situ coal gasification ［J］. Fuel, 1978, 57: 224-271.

［121］ SISKIN M, ACZEL T. Pyrolysis studies on the structure of ethers and phenols in coal ［J］. Fuel, 1983, 62 (11): 1321-1326.

［122］ LI Q, XU Z Y. Parameter identification method research based on the BP neural network and space search ［J］. Applied Mechanics and Materials, 2014, 513-517: 1165-1169.

［123］ WU Y, ZENG Z. A rapid detection method of earthquake infrasonic wave based on decision-making tree and the BP neural network ［J］. International Journal of Information and Communication Technology, 2019, 14 (3): 295-307.

［124］ LI J, YAO X, GE J, et al. Investigation on the pyrolysis process, products characteristics and BP neural network modelling of pine sawdust, cattle dung, kidney bean stalk and bamboo ［J］. Process Safety and Environmental Protection, 2022, 162: 752-764.

［125］ ASHRAF M, ASLAM Z, RAMZAN N, et al. Pyrolysis of cattle dung: Model fitting and artificial neural network validation approach ［J］. Biomass Conversion and Biorefinery, 2023: 10451-10462.

［126］ 李自田, 李春民, 王丹丹, 等. 罐式煅烧炉几个主要问题的探讨及改进 ［J］. 云南冶金, 2022, 51 (2): 160-164.

［127］ 段斌, 李春民, 李自田, 等. 罐式煅烧炉产能因素分析及应用 ［J］. 云南冶金, 2024, 53 (1): 168-172.

［128］ ALLEN K G, von BACKSTRÖM T W, KRÖGER D G. Packed bed pressure drop dependence on particle shape, size distribution, packing arrangement and roughness ［J］. Powder Technology, 2013, 246: 590-600.

［129］ KOEKEMOER A, LUCKOS A. Effect of material type and particle size distribution on pressure drop in packed beds of large particles: Extending the Ergun equation ［J］. Fuel, 2015, 158:

232-238.

［130］田付有，黄连锋，范利武，等．双粒度混合烧结矿颗粒填充床压降实验［J］．浙江大学学报（工学版），2016，50（11）：2077-2086.

［131］OZAHI E, GUNDOGDU M Y, CARPINLIOGLU M Ö. A Modification on Ergun′s correlation for use in cylindrical packed beds with non-spherical particles［J］. Advanced Powder Technology, 2008, 19（4）：369-381.

［132］MAYERHOFER M, GOVAERTS J, Parmentier N, et al. Experimental investigation of pressure drop in packed beds of irregular shaped wood particles［J］. Powder Technology, 2011, 205（1/2/3）：30-35.

［133］FENG J, DONG H, DONG H. Modification of Ergun′s correlation in vertical tank for sinter waste heat recovery［J］. Powder Technology, 2015, 280：89-93.

［134］冯军胜，董辉，李含竹，等．烧结矿余热回收竖罐内流动阻力特性［J］．中南大学学报（自然科学版），2017，48（4）：867-872.

［135］李含竹，高建业，冯军胜，等．烧结矿余热回收竖罐内料层阻力特性实验研究［J］．钢铁研究学报，2018，30（1）：8-13.

［136］王刚，杨鑫祥，张孝强，等．基于CT三维重建的煤层气非达西渗流数值模拟［J］．煤炭学报，2016，41（4）：931-940.

［137］GAO S, THEUERKAUF J, PAKSERESHT P, et al. A modified Ergun equation for application in packed beds with bidisperse and polydisperse spherical particles［J］. Powder Technology, 2024, 445：120035.

［138］李军，龚思如，李方义，等．影响罐式煅烧炉产量的因素及提高途径［J］．炭素技术，2021，40（6）：71-74.

［139］HUANG J, LU H, LI J, et al. Resistance characteristics and particle movement behavior of a petroleum coke particle packed bed in a vertical shaft calciner under different burden distribution methods［J］. Asia-Pacific Journal of Chemical Engineering, 2024, 19（5）：e3105.

［140］张晟，张晓虎，赵亮，等．基于Ergun方程的菱镁球团填充床层阻力特性实验［J］．东北大学学报（自然科学版），2021，42（3）：347-352.

［141］SHEN F, QU S, LI J, et al. Development of chemical looping desulfurization method for high sulfur petroleum coke［J］. Fuel, 2024, 357：129658.

［142］ZHENG B, LIU Y, ZOU L, et al. Heat transfer characteristics of calcined petroleum coke in waste heat recovery process［J］. Mathematical problems in engineering, 2016, 2016：2649383.

［143］罗艳托，陆彬，邓钰暄，等．2023年中国石油焦市场分析及2024年预测［J］．国际石油经济，2024，32（3）：62-68.

［144］HUANG J, LI J, LI M, et al. Orthogonal design-based grey relational analysis for influence of factors on calcination temperature in shaft calciner［J］. Journal of Chemical Engineering of Japan, 2019, 52（11）：811-821.

［145］杨光华. 煅后焦导热性能试验研究与建模［J］. 轻金属, 2018（7）: 36-39.

［146］郑斌, 刘永启, 王佐任, 等. 煅后石油焦热物理性能研究［J］. 炭素技术, 2013, 32（3）: 38-40.

［147］HUANG J, LU H, LI J, et al. Heat transfer characteristics of petroleum coke particle packed bed: An experimental and CFD simulation study［J］. Asia-Pacific Journal of Chemical Engineering, 2025, 20（2）: e3174.

［148］ZHOU Y, DONG Z, HSIEH W, et al. Thermal conductivity of materials under pressure［J］. Nature Reviews Physics, 2022, 4: 319-335.

［149］LIU H, ZHAO X. Thermal conductivity analysis of high porosity structures with open and closed pores［J］. International Journal of Heat and Mass Transfer, 2022, 183: 122089.

［150］LI K, KANG Q, NIE J, et al. Artificial neural network for predicting the thermal conductivity of soils based on a systematic database［J］. Geothermics, 2022, 103: 102416.

［151］ZHANG H, SHANG C, TANG G. Measurement and identification of temperature-dependent thermal conductivity for thermal insulation materials under large temperature difference［J］. International Journal of Thermal Sciences, 2022, 171: 107261.

［152］GONÇALVES M, SIMÕES N, SERRA C, et al. Study of the edge thermal bridging effect in vacuum insulation panels: Steady and unsteady-state approaches using numerical and experimental methods［J］. Energy & Buildings, 2022, 258: 111821.

［153］MAHMOODABADI M J, NEMATI A R. A new optimum numerical method for analysis of nonlinear conductive heat transfer problems［J］. Journal of the Brazilian Society of Mechanical Sciences and Engineering, 2021, 43（5）: 233534501.

［154］HAPENCIUC C L, NEGUT I, BORCA-TASCIUC T, et al. A steady-state hot-wire method for thermal conductivity measurements of fluids［J］. International Journal of Heat and Mass Transfer, 2019, 134: 993-1002.

［155］BRAUN J L, OLSON D H, GASKINS J T, et al. A steady-state thermoreflectance method to measure thermal conductivity［J］. Review of scientific instruments, 2019, 90（2）: 24905.

［156］WANG X, LI H, HE L, et al. Evaluation of multi-objective inverse heat conduction problem based on particle swarm optimization algorithm, normal distribution and finite element method［J］. International Journal of Heat and Mass Transfer, 2018, 127: 1114-1127.

［157］WANG X, LI H, LI Z. Estimation of interfacial heat transfer coefficient in inverse heat conduction problems based on artificial fish swarm algorithm［J］. Heat and Mass Transfer, 2018, 54（10）: 3151-3162.

［158］YANG C. Estimation of the temperature-dependent thermal conductivity in inverse heat conduction problems［J］. Applied mathematical modelling, 1999, 23（6）: 469-478.

［159］NGO T, HUANG J, WANG C. Inverse simulation and experimental verification of temperature-dependent thermophysical properties［J］. International Communications in Heat and Mass Transfer, 2016, 71: 137-147.

［160］BEDARKAR S, VISWANATHAN N N, BALLAL N B. Measurement of thermal conductivity along the radial direction in a vertical cylindrical packed bed [J]. Journal of Powder Technology, 2015, 2015: 584538.

[161] 钱立波，余红星，孙玉发，等. 固-固二元复合材料等效导热系数模型研究综述及评价 [J]. 原子能科学技术，2020，54（3）：409-420.

[162] 赵瑾，陈宇迪，邹涛，等. 中间相沥青基炭泡沫材料有效导热系数表征方法研究 [J]. 分析仪器，2022（6）：77-83.

[163] QIAN Y, HAN Z, ZHAN J, et al. Comparative evaluation of heat conduction and radiation models for CFD simulation of heat transfer in packed beds [J]. International journal of heat and mass transfer, 2018, 127: 573-584.

[164] ZHANG X, WU Y. Effective medium theory for anisotropic metamaterials [J]. Scientific Reports, 2015, 5 (1): 7892.

[165] VADAKKEPATT A, TREMBACKI B, MATHUR S R, et al. Bruggeman's exponents for effective thermal conductivity of lithium-ion battery electrodes [J]. Journal of the Electrochemical Society, 2016, 163 (2): A119-A130.

[166] WYCZÓŁKOWSKI R, BAGDASARYAN V, TOMCZYK B. Modelling of effective thermal conductivity of a packed bed of steel bars with the use of chosen literature models [J]. Composite Structures, 2022, 282: 115025.

[167] MAXWELL J C. A treatise on electricity and magnetism [M]. Cambridge: Clarendon Press, 1873.

[168] STARKOV I A, STARKOV A S. Maxwell-Garnett model for thermoelectric materials [J]. International Journal of Solids and Structures, 2020, 202: 226-233.

[169] XU J Z, GAO B Z, KANG F Y. A reconstruction of Maxwell model for effective thermal conductivity of composite materials [J]. Applied Thermal Engineering, 2016, 102: 972-979.

[170] BU S, CHEN B, LI Z, et al. An explicit expression of empirical parameter in ZBS model for predicting pebble bed effective thermal conductivity [J]. Nuclear Engineering and Design, 2021, 376: 111106.

[171] 游尔胜，李依依，王甜蜜，等. 有效导热系数模型在核热推进反应堆的应用 [J]. 火箭推进，2024，50（4）：94-102.

[172] QIAN Y, HAN Z, ZHAN J, et al. Comparative evaluation of heat conduction and radiation models for CFD simulation of heat transfer in packed beds [J]. International Journal of Heat and Mass Transfer, 2018, 127: 573-584.

[173] 步珊珊，陈波，杨光超，等. 高温球床壁面区域有效导热系数模型优化 [J]. 原子能科学技术，2022，56（8）：1626-1632.

[174] YAGI S, KUNIIL D. Studies on effective thermal conduc-tivities in packed beds [J]. AIChE Journal, 1957, 3 (3): 373-381.

[175] ALVES C L, HEINRICH S. Improving the analysis of heat transfer in packed beds: A comparative study between DEM simulations and existing literature models [J]. Chemical

Engineering Research and Design, 2024, 203: 357-367.

[176] 武锦涛. 移动床中固体颗粒运动与传热的研究 [D]. 杭州: 浙江大学, 2005.

[177] 陈义胜, 贺友多, 陈春元, 等. 单颗粒煤粉燃烧数学模型 [J]. 钢铁研究学报, 1997, 9 (3): 6-10.

[178] 邱家用, 张建良, 孙辉, 等. 并罐式无钟炉顶装料行为的离散元模拟及实验研究 [J]. 应用数学和力学, 2014, 35 (6): 598-609.

[179] FENG Y, ZHANG X, YU Q, et al. Experimental and numerical investigations of coke descending behavior in a coke dry quenching cooling shaft [J]. Applied Thermal Engineering, 2008, 28 (11/12): 1485-1490.

[180] 刘华飞, 张欣欣, 冯妍卉, 等. 焦炭下降运动的势流模型及实验验证 [J]. 燃料与化工, 2005, 36 (1): 22-24.

[181] CUNDALL P A, STRACK O D. A discrete numerical model for granular assemblies [J]. Geotechnique, 1979, 29 (1): 47-65.

[182] LIMTRAKUL S, BOONSRIRAT A, VATANATHAM T. DEM modeling and simulation of a catalytic gas-solid fluidized bed reactor: A spouted bed as a case study [J]. Chemical Engineering Science, 2004, 59 (22/23): 5225-5231.

[183] RONG D, HORIO M. Behavior of particles and bubbles around immersed tubes in a fluidized bed at high temperature and pressure: a DEM simulation [J]. International Journal of Multiphase Flow, 2001, 27 (1): 89-105.

[184] MIO H, KOMATSUKI S, AKASHI M, et al. Analysis of traveling behavior of nut coke particles in bell-type charging process of blast furnace by using discrete element method [J]. ISIJ International, 2010, 50 (7): 1000-1009.

[185] TJIPKE A A, YANG Y, BOOM R. Discrete element method-computational fluid dynamic simulation of the materials flow in an iron-making blast furnace [J]. ISIJ International, 2010, 50 (7): 954-961.

[186] UEDA S, NATSUI S, FAN Z, et al. Influences of physical properties of particle in discrete element method on descending phenomena and stress distribution in blast furnace [J]. ISIJ International, 2010, 50 (7): 981-986.

[187] NATSUI S, UEDA S, FAN Z, et al. Characteristics of solid flow and stress distribution including asymmetric phenomena in blast furnace analyzed by discrete element method [J]. ISIJ International, 2010, 50 (2): 207-214.

[188] TSUJI Y, TANAKA T, ISHIDA T. Lagrangian numerical simulation of plug flow of cohesionless particles in a horizontal pipe [J]. Powder Technology, 1992, 71 (3): 239-250.

[189] 朱文睿, 雷丽萍, 曾攀. 溜槽对高炉无料钟布料粒度偏析的影响研究 [J]. 力学与实践, 2014, 36 (6): 764-769.

[190] 张正德. 粒级对粉体流动性及下料特性的影响 [D]. 上海: 华东理工大学, 2015.

[191] ZHANG H, LI T, LI J, et al. Progress in aluminum electrolysis control and future direction for smart aluminum electrolysis plant [J]. JOM, 2017, 69 (2): 292-300.

［192］ FANG N, XUE J, LANG G, et al. Effects of coke calcination level on pore Structure in Carbon Anodes ［J］. JOM, 2016, 68（2）: 635-642.

［193］ 姜玉敬, 郎光辉, 刘瑞. 中国铝用阳极生产技术的进展及工业可持续发展 ［J］. 轻金属, 2017（9）: 1-5.

［194］ ZHANG Z, WANG T. Investigation of combustion and thermal-flow inside a petroleum coke rotary calcining kiln with potential energy saving considerations ［J］. Journal of Thermal Science & Engineering Applications, 2013, 5（1）: 011008.

［195］ LIU T, LONG M, JIANG W, et al. Variations in the true density and sulfur removal forms of petroleum coke during an ultrahigh-temperature desulfurization process ［J］. Energy & Fuels, 2017, 31（7）: 7693-7699.

［196］ 李自田, 李春民, 王丹丹, 等. 罐式煅烧炉几个主要问题的探讨及改进 ［J］. 云南冶金, 2022, 51（2）: 160-164.

［197］ 李军, 龚思如, 李方义, 等. 影响罐式煅烧炉产量的因素及提高途径 ［J］. 炭素技术, 2021, 40（6）: 71-74.

［198］ 周善红. 罐式炉低温煅烧理论的研究与应用 ［J］. 轻金属, 2019（2）: 42-46.

［199］ 李静, 黄金堤, 肖劲, 等. 罐式炉内石油焦层高温煅烧带迁移数值模拟 ［J］. 中国有色金属学报, 2018, 28（6）: 1216-1224.

［200］ 杨光华. 低温煅烧石油焦技术的研究及应用 ［J］. 冶金能源, 2019, 38（4）: 25-30.

［201］ 李静, 黄金堤, 肖劲. 基于三维离散元法的罐式炉排料运动行为 ［J］. 中国有色金属学报, 2018, 28（7）: 1471-1481.

［202］ XIAO J, HUANG J, ZHONG Q, et al. Modeling and simulation of petroleum coke calcination in pot calciner using two-fluid model ［J］. JOM, 2016, 68（2）: 643-655.

［203］ XIAO J, HUANG J, ZHONG Q, et al. A real-time mathematical model for the two-dimensional temperature field of petroleum coke calcination in vertical shaft calciner ［J］. JOM, 2016, 68（8）: 2149-2159.

［204］ ERGUN S, ORNING A A. Fluid flow through randomly packed columns and fluidized beds ［J］. Industrial and Engineering Chemistry, 1949, 41（6）: 1179-1184.